应用 DMS 全覆盖供水管网及建筑物漏损治理技术与方法

毋 焱 黄 缈 主编

中国建筑工业出版社

图书在版编目（CIP）数据

应用 DMS 全覆盖供水管网及建筑物漏损治理技术与方法 / 毋焱，黄缈主编 . -- 北京：中国建筑工业出版社，2024.2（2024.10重印）

ISBN 978-7-112-29592-0

Ⅰ.①应… Ⅱ.①毋…②黄… Ⅲ.①给水管道—管网—水管防漏 Ⅳ.①TU991.61

中国国家版本馆 CIP 数据核字 (2024) 第 019169 号

本书分两篇：第一篇应用 DMS 全覆盖治理供水管网漏损技术及方法，第二篇家庭与建筑物漏损治理技术及方法。在第 1 篇中全面且系统地详细阐述了应用分区计量（简称 DMS）全覆盖治理供水管网漏损的理论依据、实施原则，包括 DMS 中 DMZ、DMA、DOMS、DAT 的概念及其相互间区别与联系，以及配套的多种技术及其方法；配套新型组织架构建立，调整考核体系；DMS 分区层级规划依据，从 DMZ 起步新建或者对接 DMA 有关事宜，各分区区域识别码编制规则等新知识点。第二篇"家庭与建筑物漏损治理技术及方法"从先进的技术设备和科学的检测方法中，总结提出了"治理家庭与建筑物渗漏的全套解决方案"，比较全面系统性地介绍建筑物渗漏水问题的治理技术与方法，包括分析渗漏水产生的原因、影响、排查和处置等方面内容；并拓展了渗漏技术与方法的范围，利于全范围治理建筑物漏损。

本书适用于供水行业、燃气行业，厂网河湖等存在漏损、水质需要治理的各种单位及广大居家住户和管网漏损检测人员应用，也适用于市政工程，建筑设计、施工类人员。

责任编辑：于　莉　王砾瑶
责任校对：王　烨

应用DMS全覆盖供水管网及建筑物漏损治理技术与方法

毋　焱　黄　缈　主编

*

中国建筑工业出版社出版、发行（北京海淀三里河路9号）

各地新华书店、建筑书店经销

北京光大印艺文化发展有限公司制版

建工社（河北）印刷有限公司印刷

*

开本：880毫米×1230毫米　1/32　印张：6¼　字数：145千字

2024年1月第一版　2024年10月第二次印刷

定价：47.00元

ISBN 978-7-112-29592-0

（42127）

编写委员会

序

2023 年 3 月，中共中央、国务院印发了《党和国家机构改革方案》，提出组建国家数据局，负责协调推进数据基础制度建设，统筹数据资源整合共享和开发利用，统筹推进数字中国、数字经济，数字社会规划和建设等，由国家发展和改革委员会管理。将中央网络安全和信息化委员会办公室承担的研究拟订数字中国建设方案、协调推动公共服务和社会治理信息化、协调促进智慧城市建设、协调国家重要信息资源开发利用与共享、推动信息资源跨行业跨部门互联互通等职责，国家发展和改革委员会承担的统筹推进数字经济发展、组织实施国家大数据战略、推进数据要素基础制度建设，推进数字基础设施布局建设等职责划入国家数据局，省级政府数据管理机构结合实际组建。

由此可以看出：推进数字供水系统基础设施布局对国家兴旺发展、保障人民生活的基础工业建立数字化的重要性！观当前形势，思未来发展，很有必要编著《应用 DMS 全覆盖供水管网及建筑物漏损治理技术与方法》。本书分为两篇：第一篇应用 DMS 全覆盖治理供水管网漏损技术及方法，由北京埃德尔黛威新技术有限公司（以下简称北京埃德尔公司）编写；第二篇家庭与建筑物漏损治理技术及方法，由深圳明晨渗漏检测智能技术有限公司（以下简称明晨渗漏检测公司）编写，全书由北京埃德尔黛威新技术有限公司博士董事长杨帆女士总策划。

关于分区计量系统（以下简称 DMS，District Metered System），北京埃德尔公司从 2009 年启动推广。后于 2011 年至 2016 年期间，北京埃德尔公司在完成"十二五"水体污染控制与治理科技重大专项（简称水专项）"供水管网漏损监控设备研制及产业化"课题期间，和十余个供水企业成功示范分区计量 DMA 工程，并取得较好的成果与经济效益；且在"十二五"期间，北京埃德尔公司借鉴 IWA 的《DMA 管理指南》，总结我国 DMA 示范建设中的经验教训，编著两版《分区定量管理理论与实践》；在完成北京市自来水集团承担的"十三五"水专项课题"多水源格局下水源—水厂—管网联动机制及优化调控技术"中"管网泄漏在线监测定位装备研发"时，又编著《新型管理模式下的漏损控制技术及方法》一书。这些著作对我国 DMS 建设起到一定的指导作用。

随着国家对基础建设、民生、社会发展以及信息技术（IT）和运营技术（OT）越来越重视，国家发展和改革委员会、住房和城乡建设部对分区计量系统建设的多次文件要求，特别是《国家发展改革委办公厅 住房和城乡建设部办公厅关于组织开展公共供水管网漏损治理试点建设的通知》（发改办环资〔2022〕141 号）中的建设目标指出："到 2025 年，试点城市（县城）建成区供水管网基本健全，供水管网分区计量全覆盖"，可以看出 DMS 已经成为我国供水企业节约用水、降低漏损等常态工作的必备基础技术。同时，DMS 在供水行业的广泛应用，也给燃气、厂网河湖等行业的 DMS 建设起到了示范模板作用，这些行业都在大力推广分区计量理论与实践。这些事实充分说明，DMA示范已取得成功，是进入全面推广应用DMS技术，全覆盖供水管网治理漏损的时候了。因此，北京埃德尔公司基于"十二五""十三五"期间出版的两本著作的基础上，结合当前与未来中国乃至世界的实践发展情况，把DMS原理、相关技术及其方法，应用于供水管网全覆盖治理漏损，以保障把漏损率降至国家标准要求的范围内。

第二篇"家庭与建筑物漏损治理技术及方法"是在完成"十三五"任务配套出版书《新型管理模式下的漏损控制技术及方法》中第二篇家庭与建筑物渗漏检测与漏点定位的基础上充实并系统化，并拓展了渗漏控制技术与方法的范围，利于全范围治理建筑物漏损。

明晨渗漏检测公司是广东省首家获得检验检测机构资质认定（CMA）专项资质的第三方渗漏检测鉴定单位及深圳市质量检验协会会员单位，融合全球关联设备，结合自主研发，水样理化分析，分层湿度及温度数据算法，通过无损检测对漏水故障进行追溯及定位，科学诊断出漏源及漏点，为漏水纠纷及司法调查提供第三方检测报告，为防水修缮提供科学依据，从源头杜绝盲砸盲补。明晨渗漏检测公司拥有数量过万的案例专项内容，并参与"十三五"水专项课题任务的编写及深圳市团体标准的制定，是国内渗漏专项检测的龙头企业。

明晨渗漏检测公司不仅汇聚了一批经验丰富的专业人士，以先进的技术设备和科学的检测方法，为客户提供高效、准确的检测服务，总结提出了"治理家庭与建筑物渗漏的全套解决方案"，在检测技术方面，明晨渗漏检测公司积极引进国际先进的建筑物漏水检测技术，不断更新设备，采用先进的技术手段实施家庭与建筑物的漏水检测，如：红外热像法、气体示踪法，微波断层扫描检测法等，以保证检测结果的准确性和可靠性。

总之，期望本书对保障社会不断向前发展，稳定、快速实现国家漏损控制的目标，对保障建筑物及其居住与工作人员环境安全方面起到积极有效的作用。

徐力进

2023 年 7 月

前　言

　　随着社会快速发展，在大量改造、扩展供水管网及各种建筑物建设同期，施工与建筑工程质量问题也越来越凸显。根据中国城镇供水排水协会 2022 年统计年鉴数据计算，2021 年我国供水企业漏损率约 18.34%，每年漏掉水资源约 10.88 亿 m^3，近 3 亿人口使用量。根据国务院 2015 年发布的"水十条"和住房和城乡建设部、国家发展和改革委员会等 2022 年发布的政策文件要求，城市供水管网漏损控制目标分别为 12%、10%、9% 三个梯度；《国家发展改革委办公厅　住房和城乡建设部办公厅关于组织开展公共供水管网漏损治理试点建设的通知》（发改办环资〔2022〕141 号）中的建设目标："到 2025 年，试点城市（县城）建成区公共供水管网漏损率高于 12%（2020 年）的试点城市（县城）建成区，2025 年漏损率不高于 8%；其他试点城市（县城）建成区，2025 年漏损率不高于 7%。"

　　为尽快实现国家对供水企业漏损控制目标，解决家庭与建筑物的漏损问题，《应用 DMS 全覆盖供水管网及建筑物漏损治理技术与方法》应运而生。

　　第一篇应用 DMS 全覆盖治理供水管网漏损技术及方法中一共 7 章，由北京埃德尔公司高级工程师、硕士、CEO 毋焱女士担任主编，高级工程师刘志强、袁敏、张涛等人担任副主编。第一篇各章节编写分工为：第1章由北京埃德尔公司 CEO 毋焱女士编写；第2章主要由北京埃德尔公司董事长杨帆博士、CEO 毋焱女士、高级工程师刘志强、袁敏编写；第3章主要由北京埃德尔公司 CEO 毋焱女士、高级工程师刘志强编写；第4章主要由北京埃德尔公司高级工程师袁敏编写；第5章主要由北京埃德尔公司高级工程师张涛编写；第6章主要由北京埃德尔公司 CEO 毋焱女士和张涛编写；第7章主要由北京埃德尔公司袁敏、刘志强、刘洪轩，北京好利阀业集团有限公司技术经理司东琴编写。

第二篇关于家庭与建筑物漏损治理技术及方法，由本书的第8章到第14章组成。主要涉及家庭与建筑物的渗漏水治理问题，以先进的技术设备和科学的检测方法，总结提出了"治理家庭与建筑物渗漏的全套解决方案"。该篇由明晨渗漏检测公司高级工程师黄缈任主编，高级工程师黄文涛、姜新担任副主编，其中，各章节编写分工为：第8章主要由高级工程师黄缈编写；第9章主要由高级工程师黄文涛编写；第10章主要由高级工程师黄文涛编写；第11章主要由高级工程师黄缈、黄文涛，姜新编写；第12章主要由高级工程师黄缈编写；第13章主要由高级工程师黄缈，黄文涛编写；第14章主要由高级工程师黄缈，黄文涛编写。

在本书的编写过程中，部分省、市，县供水企业及家庭与建筑物专业技术人员和管理人员，结合各自丰富的工作实际和经验体会，从不同的角度对本书各章节的相关内容和观点提出了宝贵的参考意见，在此一并表示衷心感谢！

目 录

第二篇
家庭与建筑物漏损治理技术及方法

第一篇

应用 DMS 全覆盖治理供水管网漏损技术及方法

第1章

DMS 是供水管网全覆盖高效治理漏损的技术与方法

从"十二五"示范建设分区计量系统（DMA）取得非凡成果后，北京埃德尔公司在 2017 年 10 月全过程参与住房和城乡建设部办公厅组织制定"城镇供水管网分区计量管理工作指南"工作。该全文见《城镇供水管网分区计量管理工作指南——供水管网漏损管控体系构建》（试行）；2019 年国家发展与改革委员会、住房和城乡建设部两部委再次发出文件，要求供水企业大力推广应用分区计量系统；在 2022 年国家发展与改革委员会再次发布文件，要求降低城镇公共供水管网漏损，提高水资源利用效率；根据《"十四五"节水型社会建设规划》《住房和城乡建设部办公厅 国家发展改革委办公厅关于加强公共供水管网漏损控制的通知》，两部委组织开展公共供水管网漏损治理试点建设，要求公共供水管网漏损率高于 12%（2020 年）的试点城市（县城）建成区，于 2025 年漏损率不高于 8%；其他试点城市（县城）建成区，2025 年漏损率不高于 7%。因此，我们有必要全面总结 DMA 示范建设及其应用中值得汲取的经验教训，系统推广分区计量系统，亦即推广 DMS 的应用，编制《应用 DMS 全覆盖供水管网治理漏损的技术与方法》，以便于供水管网全面实施漏损控制，真正实现"系统化、网格化、精细化、智慧化，规模化"降损的五化状态，为持续、长久、稳定地保持漏损控制的更佳水平，奠定好基础。我公司经过实践与调研，认为有下列四点值得研究与解决。

1.1　实施 DMS 漏损控制基础理论及其依据

对于漏损控制，国际国内有多种研究，但是不外乎下列几点理论与依据。首先是水平衡分析。

1. 水平衡分析依据

自 2018 年以来，住房和城乡建设部标委会已组织修订《城镇供水管网漏损控制及评定标准》CJJ 92—2016，不提倡应用产销差概念，而是应用漏损量、漏损率，综合漏损率的概念。因此很有必要了解水量平衡分析的要素。

依据中华人民共和国住房和城乡建设部 2016 年 9 月 5 日发布的公告第 1303 号《城镇供水管网漏损控制及评定标准》，可看出免费供水量已纳入注册用户用水量，这一点对供水企业是有利的。值得提醒的是供水企业要对各个免费供水点位采取计量措施，这点后面章节有所论述。

水量平衡表（表 1-1）中明确指出，漏损水量由三大部分组成：漏失水量、计量损失水量和其他损失水量。我们的任务是着重解决漏损水量及有关组分引发的一系列问题，尤其是由管理因素导致损失水量。

水量平衡表 表 1-1

自产供水量	供水总量	注册用户用水量	计费用水量	计费计量用水量
				计费未计量用水量
			免费用水量	免费计量用水量
				免费未计量用水量
		漏损水量	漏失水量	明漏水量
				暗漏水量
				背景漏失水量
外购供水量				水箱、水池的渗漏和溢流水量
			计量损失水量	居民用户总分表差损失水量
				非居民用户表具误差损失水量
			其他损失水量	未注册用户用水和用户拒查等管理因素导致的损失水量

2. 漏水持续时间和漏损水量的关系

依据 ALR 理论，解决漏损的关键问题，在于控制漏损时间。

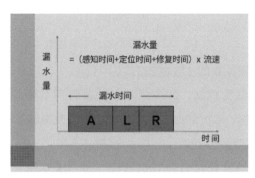

图 1-1 漏水量和泄漏时间的关系

5

从图 1-1 可以看出，任何漏水点从发生到维修完成，都要经历三个阶段，即感知、定位和维修。而在这三个阶段里，感知漏点发生的时间很关键。通过应用分区管理监测各个分区的流量，尤其是监测夜间流水量的变化，从而实现快速感知到泄漏的发生，即时指导相关人员快速定位并维修，实现缩短漏水持续的时间，减少漏损水量的目的。

3. 漏损控制的主要管理措施（图 1-2）

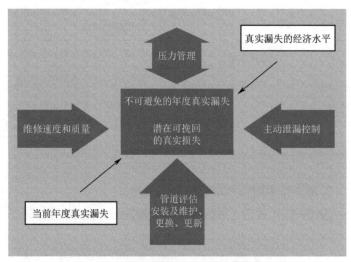

图 1-2　国际漏损控制的主要措施

明确漏损控制的主要措施有以下 4 点：

1) 主动漏失控制，即应用分区计量管理系统。通过分区建设与数据分析，掌控漏损的分布情况，实时发现漏点，即时维修，从而实现缩短漏损时间。

2) 应用分区计量监控管理系统，与 GIS 系统互联，为管网改造提供和积累数据，实现以数据为依据对当前单位管网质量的评估，从而改变以往定性决定管网改造的传统做法，把资金用在刀刃上。

3) 压力管理，有关文件中指出，要建立压力调控工程。通过建立压力调控工程，加密压力监控设施，从而实现现代压力管理系统，可适时主动调整压力；从目前实际情况看，如果要整体降低压力，控制管网漏损时，须谨慎操作，由此可能造成局部供水压力不足。关于压力管理问题，根据我国实际情况，尚需另行深入研究。

4) 关于维修速度及质量，这是目前供水企业比较普遍的共性问题。维修速度跟不上实际需要，且维修质量有待提高。在这里需强调的是，一定要保证快速维修和维修质量，这样可减少重复漏水的几率。

1.2　DMA 中汲取的经验教训

依据上述理论，我国相当部分供水企业通过应用 DMA 在漏损控制方面确实取得可喜的成绩。因此，国家一再发文，要求建立分区计量系统工程，为此，我们有必要总结 DMA 实施的经验教训，以利于实现全覆盖供水管网，整体实施 DMS 系统，快速控制漏损，全面节约水资源。

1) 有些供水企业对实施 DMA 比较重视，仍然坚持不断建设DMS，企业全面实施应用 DMS 系统，但是在整体建设过程中，概念仍然停留在 DMA 理念阶段，所以，在客观上也影响了些许实用效果；

2) 有些供水企业虽然实施了 DMA，但是由于配套应用的"供水管网分区计量漏损监控运营管理系统"智能化、智慧化不够，有的甚至是利用流量计、水表采集的数据，人为计算漏损率，所以导致漏损数据不准确的情况时有发生；

3) 虽然 DMA 示范成功，但是到目前为止仍然有部分供水企业没有实施 DMA 工程，尤其是县镇自来水公司及少部分地市级供水企业；

4) 有些供水企业虽然建立了 DMA，但是由于供水企业时有更换领导；或者建立了 DMA 后，相应配套的新型管理模式没有实施到位，所以，也有部分供水企业的 DMA 作用发挥得不够好，甚至停顿不前，漏损复原情况常有发生。

基于上述情况，不能只应用 DMS 系统中的 DMA 概念，而是应该建立 DMZ（District Metered Zone）概念，从最高一级分区计量 DMZ 开始，逐级嵌套，直至实施末级分区 DMA，最终形成供水管网应用 DMS 全覆盖治理漏损的基础，以保障长期稳定的合理漏损控制水平。

综上所述，笔者认为首先要建立 DMZ 概念，这是全面应用 DMS 技术，建设供水管网全覆盖漏损控制的充分必要条件。

1.3 应用 DMS 全面控制漏损配套技术简述

从上述可以看出，很有必要论述清晰供水管网应用 DMS 全覆盖漏损控制技术，厘清 DMZ 等相关概念，明确建设步骤及其技术方法、应用的监控技术产品、配套应用 DOMS（wDMA 升级）系统，实施系统举措："建立新型管理模式、规范数据结构、充分利用大数据，实现数智化"，最终实现 DMS 建设的五化理念：

"系统化建设、网格化辅助、精细化管理、智慧化决策、规模化降损"，为长久稳定持续将漏损率控制到国家要求的合理水平，奠定好基础。

一般来说，县镇供水企业建立一级分区或者二级分区即可：一级 DMZ 再层叠链接建立 DMA 就可以了；地市级供水企业通常建设三级到四级分区均有可能；省会城市通常建设四级到五级分区，可能个别超大城市会把 DMS 建设到六级分区。

从最高一级 DMZ 开始，逐级嵌套，直至末级 DMA。各供水企业 DMS 不论最终建立几层级分区，都需根据各地实际情况、管网拓扑结构、管网长度、兼顾考虑供水管理范围，依据投资回报平衡综合分析计算决定。

第2章

供水管网全覆盖实施 DMS 部署及其相关技术

供水管网全覆盖实施高效控制漏损，无论从概念、理念、实践中都会用到 DMS、DMZ、DMA、DOMS 和 DAT 的术语，下面首先介绍这些术语的概念。

2.1 建设 DMS 中需要厘清的五个概念

2.1.1 DMS 和 DMZ

1. DMS 概念

DMS 是英文"District Metered System"的缩写，即分区计量系统。DMS 本身源于 20 世纪 80 年代的英国，现在 DMS 已经推广到世界范围内。DMS 一词是下面论述中经常会提到的一个术语。

2. DMZ 概念

DMZ 是英文"District Metered Zone"的缩写。DMZ 本身含义就是大区域。建设分区计量系统本身，实际上原本应该从大区域逐步嵌套，由大到小，从最高到最低，直至实施末级分区区域

DMA，最终供水管网全域构成一个完整的流量传递的分区计量体系，从而实现系统化全覆盖的漏损控制态势。前面说过，之所以一开始实施示范 DMA 只是为了实践试验，现在成功了，自然就应该从供水系统的最高一级大分区区域 DMZ 开始，由上向下、由最高层向最低层级划分，逐级嵌套，全面实施 DMS 系统。

2.1.2 DMA 和 DMZ 的区别与联系

上一节已经阐述了 DMZ 的概念。DMA 是英文 "District Metered Area" 的缩写，DMA 和 DMZ 二者的区别显而易见，关键在于对 Zone 和 Area 的理解。Zone 一般指地域、地带；Area 一般指地段、区域；区别是一大一小，地段和区域包含在地域和地带之内。在 DMS 建设过程中由大到小，从 DMZ 逐步向下嵌套，直至最后的末级分区区域 DMA，这样就形成了完整的供水管网全覆盖 DMS 系统。通过流量、压力监控，从而实现了供水系统漏损全面被监控，被掌控；也实现了检漏工作由被动检测方式变成根据管网走向巡检方式再改变成了"由 DOMS 系统分析预警派单然后直接奔向漏损区域、漏损管段甚至漏损可疑点"的主动检测方式。因此实施 DMS 系统以后，除能够实现快速降低漏损以外，还大量节约检漏的人力，物力。

2.1.3 DOMS 和 DAT
1. 何谓 DOMS

DOMS 是英文 "District Operation Management System" 的缩写。所谓的 DOMS 系统，是当时北京埃德尔公司承担"十二五"水专项课题成果之一"供水管网分区计量漏损监控运营管理系统"

（简称 wDMA）的提升版。DOMS 是一套专门基于 DMS 建设中的各类数据，包括各分区区域边界监测点通过监控设备获得的数据：供水管网 GIS 系统、生产调度 SCADA、营销系统、抄表系统、水力模型、检漏维修信息等子系统的数据，而开发的一套漏损监控运营管理专用软件系统。DOMS 中应用多个数学模型，完全智能化、智慧化，不掺杂人为因素；也可以说 DOMS 系统是 DMS 建设过程和结束后的成果展示系统。应用 DOMS 实时确定初始漏损率，即时监控整个漏损发生、处置效果、漏损下降过程，最终确定并将漏损率控制在目标范围之内。对 DOMS 的应用过程，与传统意义上的 SCADA 系统类同，供水管网一旦漏损发生，或者爆管，DOMS 系统就会即时报警，立刻处置，处置后的效果同样反馈在 DOMS 系统上，这样循环往还，毫无疑问，最终会达到我们的漏控目标数字。

2. DAT 的含义

DAT 是英文"Data Analyst"的缩写。在 DMS 中 DAT 的含义是"系统分析工程师"，其职责是坚持 24h 应用 DOMS 系统，监控供水管网漏损情况，以便于即时止损，亦即类同于上面所述，生产调度人员应用 SCADA 系统调控供水企业的压力一样。

2.2 建设 DMS 系统实施步骤及其技术方法

第一步：基于水量平衡分析，结合预估漏损数据，设计 DMS 建设总规划，依据管网拓扑结构，结合管网长度，参考供水管理所数量，确定最高一级分区 DMZ 数量。参考最高一级 DMZ 数量与范围，进一步利用管网拓扑结构和管网长度，确定

13

总体分区层级数量。预测各层级分区数量，估算计量仪表投入数量，着手准备计算总体投资回报率。

第二步：实施分区，同时收集、对接相关数据到 DOMS 系统；利用供水企业提供的 GIS 及相关资料，完成 CAD 图上的分区规划；且对照 CAD 图上的分区方案，现场踏勘 CAD 分区是否符合实际情况，必要时修正原分区方案；一切确认妥当，与管网相关人员进行书面确认；对接 DOMS 系统需要的相关数据，初步确定总公司初始漏损率；着手准备建设最高一级 DMZ（根据具体情况也可并行二级 DMZ 分区）分区区域。

第三步：进行分区区域封闭性验证，这是必不可少的步骤。

第四步：对 DMZ 监测点安装调试监测设备，且应用 DOMS 计算分析评估每个 DMZ 区域漏损严重程度，且根据各个 DMZ 漏损率高低进行排序。

第五步：按照 DOMS 对所有一级 DMZ 漏损率高低排序，调整完善全面建设 DMS 的有序工作计划；根据最高一级 DMZ 漏损率严重程度，按照漏损轻重缓急和资金情况，制定下一步，从 DMZ 开始实施全面建设 DMS 的工作计划；同时，系统分析工程师（以下简称 DAT）正式上岗，坚持 24h 监控漏损情况。

第六步：依据第五步制定的工作计划，有序应用 DMS 着手全覆盖系统建设，从最高一级 DMZ 起步，逐级嵌套，直至对接原已经建设的 DMA 或者直接新建 DMA，逐步全面实施 DMS 系统，建设步骤如图 2-1 所示：

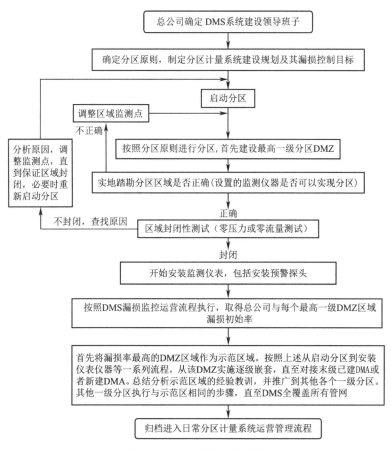

图 2-1 DMS 系统建设步骤

同时，对所有免费用水处实施计量监测；并将其数据全部纳入 DOMS 运营管理系统。

第七步：DAT 人员应用 DOMS 对 DMS 进行漏损监控运营管理：在整个建设过程中 DAT 人员应用 DOMS 对 DMS 全程进行漏损监控运营管理，实施派单，指挥相关部门实施控制漏损。DAT 人员结合本供水企业总体漏损率数据，根据国家的要求：

漏损率不高于 8%，或者不高于 7%，把自身企业漏损控制分成阶段性目标报批总公司，从而根据漏损率不断降低的过程，即时修改阶段目标值，直至实现最终目标值。DAT 人员要坚持实施 24h 应用 DOMS 系统监控全网漏损情况，即便目前已经达到最终目标，但是仍然要坚持长期稳定运营监控，循环往返监控 DMS 运营情况，杜绝漏损反弹，始终把监控目标保持在符合国家要求的漏损控制目标。

2.3 实施分区建设有关步骤说明

为了使应用 DMS 全覆盖技术建设者对建设步骤更加清晰明了，这一节对上述有关步骤作详细叙述。

2.3.1 确定最高一级 DMZ 数量的原则

当供水企业决定应用 DMS 全覆盖建设供水管网时，遇到的第一个问题就是到底建设几个最高一级 DMZ 分区区域？

1) 首先需要说明的是未来最高一级 DMZ 的数量，也是未来调整建制区域供水管理所，亦即通常所说的营业所的个数的基础。需要特别指出的是：这里所述"区域供水管理所"的建制是以 DMZ 管网分区区域为原则，而不是传统中以行政管理分区为依据设置的营业所。这样做的目的是未来实现以数据为依据，对总公司以及区域供水管理所（以下替代营业所的提法，以免混淆二者概念）准确计算各自的漏损率，同时，也便于实施漏损控制业绩考核等工作。

2) 确定最高一级 DMZ 数量的三点原则：

(1) 考虑供水企业总体管网长度；

(2) 供水企业总体供水量，便于均衡各个区域供水管理所的职责；

(3) 兼顾参考原来日常行政区域供水管理所个数。

依据上述三点确定最高一级 DMZ 个数，据此，合并或者增加区域供水管理所数量。

再次强调一定要注意以下两点：

一是各个 DMZ 管网长度和供水量的平衡；

二是今后区域供水管理所管辖的范围已经不再是以行政划分区域为基础，而是以管网分区区域为基础。传统意义上的营业所数量只能作为增减最高一级 DMZ 个数的参考值。

2.3.2　DMS 全覆盖供水管网分区层级数的三点依据

1) 已经实施了供水管网末级分区区域 DMA 的供水企业，可以根据"十二五"期间北京埃德尔公司著《分区定量管理理论与实践（第二版）》示范建设 DMA 时的分区规则，依据供水企业总体管网规模，从最高一级 DMZ 起步，逐级嵌套，对接 DMA 的分区区域过程，一并综合考虑，就容易确定 DMS 分层级数。

2) 新建 DMS 全覆盖供水管网系统的供水企业，要充分考虑最高层级中每一个 DMZ 下一层级划分区域的设计原则，直至实施末级 DMA 分区区域的合理性和经济型，最终确定建设 DMS 的分区层级数。

3) 最后，要综合考虑实现全覆盖供水管网治理漏损的情况下，投资回报平衡点，以便于决定 DMS 的层级数和 DMA 个数。

从漏损控制的角度，区域划分得越细，控制漏损就越容易和快速，但是投入资金也多。因此，要应用初始漏损率造成的经济损失与实现目标后挽回的经济效益，综合平衡计算分析各个监测点应用的流量、压力、噪声等监测设备，包括建设这些监测设备安装井花费的人力、物力等，最终确定 DMS 建设嵌套层级数，以及总体分区数量。

2.3.3 划分 DMZ 区域的原则

1. 最高一级 DMZ 分区原则

1) 供水管网的拓扑结构清晰，便于封闭检测；

2) 以河流、铁路等自然边界作为区域边界；

3) 以水厂的供水区域作为独立区域，考虑区域供水管理所供水量；

4) 参考管线所管辖区域；

5) 参考传统的营业所个数，便于综合各类因素，确定未来以管网分区为原则的区域供水管理所数量。

2. 二级 DMZ 分区规划原则

1) 供水管网的拓扑结构清晰，便于封闭检测；

2) 优先以主要道路作为二级分区边界；

3) 以加压站的供水区域作为独立区域；

4) 优先考虑自然的独立区域。

3. 末级 DMA 分区原则

1) 供水管网的拓扑结构清晰，便于封闭检测；

2) 用户数一般在 2000 户左右；

3) 管线长度一般为 5~10km；

4) 区域供水量在 1000m³/d 左右；

5) 实现了一户一表的供水小区；

6) 具备二次加压的小区；

7) 每个分区最好只有一路进水，最多两路。

从上面建设 DMZ 以及到末级 DMA 的分区原则与规律可以看出，按照上述思路实施 DMS 就能实现供水管网漏损控制全覆盖。

2.4 供水企业初始漏损率估算方法

实施 DMS 全覆盖供水管网是稳定持续治理漏损的有效措施，为了做到心中有数，在建设 DMS 初期，依据有关数据，估算供水企业的漏损率和漏损量对治理漏损很有意义。

2.4.1 DMS 建设初期企业漏损率的估算

在 DMS 建设初期，应用下列数据估算总公司漏损率：

1) 供水总量；

2) 售水量；

3) 免费供水量。

应用上述数据，初步估算供水企业漏损率和漏损量，便于指导应用 DOMS 系统监测漏损控制运营管理全过程。

2.4.2 免费用水量的监测计量体系

为了准确地计算出漏损水量，免费供水量的计量是必不可少的，因此，在建设 DMS 过程中，有必要对产生的免费供水量进行监测计量。

1. 公厕用水计量

采用无线远传水表对辖区内所有公厕进行水量监测，要求每小时至少记录一个数据，每天至少上传一次数据，如此即可以监测公厕的用水状况及计量真实用水量，一旦表后发生泄漏，也会快速发现表后反馈产生的泄漏信息。

2. 园林绿化用水计量

过去，园林绿化用水一般从消火栓取水。虽然供水企业设置了专门的取水点，并安装了计量水表，但实际情况是多数都是就近取水，水表计量的数据无法反映实际用水量。鉴于这种状况，建议：

1) 对消火栓进行改造，应用具有防盗功能的智能消火栓，可以在一定程度上减少随机取水的现象；

2) 针对园林、绿化的用水，采用专门的消防水鹤，并安装远传水表进行计量；

3) 制定相应的规章制度，对乱取水现象一经发现进行严厉的经济处罚；

4) 同时，考虑未来合适的时候，园林绿化用水不再利用自来水，而是利用雨水、中水等其他水源，也可节约饮用水资源，因此，建议安装园林计量设备。

3. 消防用水

对于日常训练的消防用水采用定点取水的方式，通过水表计量获取用水量数据，对于现场救火用水除了尽可能计量，也可根据用水时间进行估算，管理制度与园林用水一致。

安装相关监测仪，计量其他可能的免费用水量。

　　城镇乡镇长期存在的用水点，安装远传水表；对于临时用水（如管道冲洗）可通过加装临时水表计量。

　　总之，把所有免费供水量的数据纳入 DOMS 进行管理，按月进行统计。这样有利于总体计算漏损率、漏损量，便于对其实施控制。

2.5　DMS 建设计划的制定

　　在完成对 DMZ 零压力测试，确定 DMZ 是封闭区域后，就可以安装调试该 DMZ 的监测设备。再按照上述 2.2 节第五步骤，可以继续开展下列工作。

2.5.1　确定最高一级 DMZ 降低漏损顺序的依据

　　应用 DOMS 系统可以自动分析计算出每个最高一级 DMZ 漏损率数据，且系统展示出所有最高一级 DMZ 从高漏损率到低漏损率的顺序。这个顺序恰为供水企业制定 DMS 建设计划提供了依据。这项数据指导供水企业要把功夫首先下在漏损严重的区域。

　　同时，也指明了建设 DMS 分区的顺序，按漏损高低顺序逐个对最高一级 DMZ 从高至低逐级全面系统建设分区区域，直至实施末级 DMA；或者按照分区区域漏损高低顺序，逐级实施分区计量系统建设。各个供水企业应根据漏损实际情况而制定自己的 DMS 建设计划。

　　在完成漏损严重的 DMZ 建设过程中，还可以总结经验教训，以便于以此类推完成所有 DMZ 的建设，直至应用 DMS 实现供水管网全覆盖漏损控制。

2.5.2 应用 DOMS 对 DMS 实时监控的运营管理流程

在分区计量系统的建设和维护过程中，DAT 人员应始终坚持 24h 应用 DOMS 对 DMS 实时监控。

应用 DOMS 系统，按照相应的漏损监控运营管理流程，对 DMS 各级分区实时监控，实时派单，DAT 人员指挥相关部门对漏损进行处置。在执行运营流程过程中，根据初始漏损率制定逐步降低漏损阶段性漏控目标，这样循环往返，长期坚持 24h 监控运营，直至首次实现国家要求的漏损漏控目标；进而持续应用 DOMS 系统监控漏损，以便长久、持续、稳定地把本企业漏损控制目标保持在国家要求的目标之内。为此，需按以下流程执行：

1. 自来水公司需要填报的基础数据

应用"DOMS 系统"预测准确的初始漏损率，过程监控预测阶段性目标和降低的目标漏损率是否达标，首先需要建立 DOMS 系统数据库，为此需要填报下列基本数据：

设备信息：设备名称、类型、编号、所属分区、流向；

用户信息：用户基本信息（名称、地址等）、水表号、所属分区；

流量数据：边界流量监测仪和远传水表采集的瞬时流量、累计流量；

监测时间：设备信息营收数据用户名、所属分区、抄表数、抄表时间、所属月份。

2. 启动 DOMS 系统

计算漏损量和漏损率的初始值，以利于以始为终，确定实现最终漏控目标的年度，每年或每季降损指标。

3. 应用 DOMS 系统执行漏损监控运营管理流程（图 2-2）

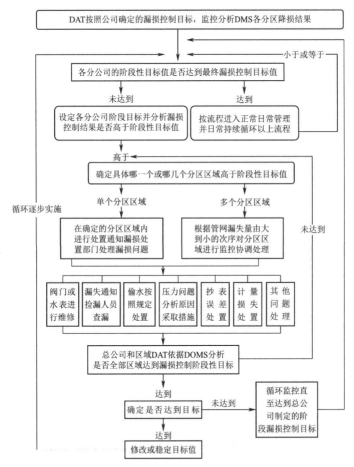

图 2-2　漏损监控运营管理流程

2.6 其他漏损控制举措

2.6.1 网格化实施方法

实施网格化不是一句理论词语，它是有科学依据的，一般情况下需要依据表 2-1 决定网格化分法与网格密度。

供水管网分级表 表 2-1

管网类型	一级管网	二级管网	三级管网
范围界定	水厂至加压站输水管网	加压站之间、加压站至小区开口处供水主干管网	小区开口处位置至用户水表
管网现状	1. 长度； 2. 口径范围； 3. 压力； 4. 管材； 5. 特点	1. 长度； 2. 口径范围； 3. 压力； 4. 管材； 5. 特点	1. 长度； 2. 口径范围； 3. 压力； 4. 管材； 5. 特点

从表 2-1 可以看出，实施 DMS 时，不仅仅竖向分区，同时可以对分区中（尤其是用检测仪器比较难检测到漏点的大管径）的横向管网做必要的监控管理。

根据表 2-1 实施供水管网横向监测，整合竖向分区区域监控，就能实现真正的网格化区域。

2.6.2 供水管网改造工程应与分区计量建设并举

为实现供水企业漏损率不高于 7% 或者 8% 的控制目标，综合考虑供水系统管道近期与未来的发展建议，把管网改造或者新建管网和分区计量系统的建设整合。

无论是改造管网还是新建管道，毫无疑问都要投入财力、物力和人力,动工建造阀井管道等。然而分区计量系统的建设不仅和管道分布有关系,也和管井建设有关。如果在新建设管道设计时或者管网改造部署中就把分区计量系统的建设考虑进去,一并实施,可以节省相当一部分工时费用以及二次开挖费用。管网改造也是为了降损,保障安全供水。因此,一举三得很有益处。

2.6.3 加强用户结算水表改造

供水企业应对结算水表进行改造,实现远传,且纳入 DOMS 漏损控制系统,这是 DMS 漏损控制中必不可少的一步,以便于从根本上断绝"人情水",降低由于管理因素导致的漏失量。同时,为供水企业实现智慧供水奠定大数据基础。

2.6.4 供水管网节能降耗与爆管预警模型

下面介绍的爆管预警、降压节能新型算法,是一种数学模型的创新型研究。它们已经在 DOMS 系统中得到应用,同时也纳入供水企业应用的 SCADA 系统中,便于提升智慧水务的水平。

1. PFSE 降压节能算法

所谓 PFSE(Pressure Falling Save Energy,PFSE)算法,即在保证正常用水的条件下,为了节约能耗,尽可能把压力降低到合适压力的一种推演算法。主要应用压力历史数据和供水高峰应用的压力最高值,通过模型计算压力优选值,使得供水管网既能保障各类用水,同时也不浪费水源能量与用水能耗。

2. 爆管预警模型

应用 YWaWa 爆管预警数学模型(Yang Weighted Average Wrong Algorithm,YWaWa)分析运算目的在于,实施压力调控

（SCADA）系统或者漏损监控中，起到实时爆管预警的作用。

YWaWa 爆管预警数学模型应用供水企业多年的压力平衡点数据，发生爆管点位几十分钟之内的水锤均值，以及爆管时压力最高点位的水锤值；再应用Σ算法、黄金分割法等算法；同时，在建立模型中要充分考虑高程差、管材使用年限以及温度对爆管的影响等因素，对预警值的影响，在此基础上建立起适合供水企业自身的爆管预警模型。

2.7 DMS 应用的监测仪器与检测设备简述

2.7.1 监测仪器

DMS 的实施除了需要合理的分区及科学的智慧处理软件，还需要精确的计量监测设备。这些相关的监测设备是建设 DMS 必须应用的感知仪器，也是基础数据来源的介质。基础数据的可靠性和稳定性是 DMS 健康运行的基础。下面重点介绍 11 种监测设备。

1. 多功能漏损监测仪

多功能漏损监测仪是北京埃德尔公司承担"十二五"水专项课题"供水管网漏损监控设备研制及产业化"的成果之一，它可任意组合传感器。经过多年实践应用，多功能漏损监测仪的性能和质量得到了较大提升。它可监测管道流量、压力、噪声，必要时也可以并行水质监测。应用物联网技术，将通过监测设备获得的数据，远传送至 DMS 数据库。

多功能漏损监测仪通常是用得最多的组合传感器，如前所述，具有流量、压力、噪声三功能合一监测体系，由此可看出，组合应用节约不少人力、物力以及开挖和工程安装费用。

2. A+K 远传水表

A+K 远传水表是北京埃德尔公司和上海科洋科技股份有限公司联合研发的远传水表产品。A+K 远传水表是由电磁流量传感器和转换器组成一体的流量测量系统。A+K 具有宽量程低始动流量和高精度的特点，广泛应用于无电源场所的水流量监测。A+K 远传水表主要应用于分区计量系统中的小管径管道以及小区考核、二次供水、大用户等流量监测。

3. 在线渗漏预警与漏点定位系统

"在线渗漏预警与漏点定位系统"是北京埃德尔公司承担"十三五"水专项课题任务"管网泄漏在线监测定位装备研发"时，基于"十二五"水专项课题成果之一"渗漏预警"的基础上，创新研发的新产品。该产品不仅增加了相关仪功能，还组合应用多项发明专利技术，诸如"渗漏预警系统及自适应频谱消噪方法""新型渗漏预警方法""新型渗漏预警在线相关定位数据压缩方法"等，有效降低了环境噪声，提高了漏点定位的准确；同时，又采用"独创"的双重同步及相关误差修正方法；更值得一提的是"在线渗漏预警与漏点定位技术"中还应用了卫星北斗授时定位技术，极大提升了漏点定位精度。

"在线渗漏预警与漏点定位系统"应用优势是：不仅能监测到某管段漏损，还能精确监测到该段管道上泄漏的可疑漏点位置。该产品主要用于分区计量系统中高漏损区域的漏损监测。在此区域内，系统将漏损点从某个分区逐步缩小到某个管段，还能预测到该管段中漏点的准确位置。应用渗漏预警与漏点定位系统发现所在漏损区域，控制漏损稳定后，可将其移动到下一个较高漏损分区实施监测，如此不断循环，在各个分区区域轮换移动应用，则可快速降低漏损，实现规模化降损，从而挽回不少经济损失。

4. 渗漏预警系统

渗漏预警系统是北京埃德尔公司承担"十二五"水专项课题"供水管网漏损监控设备研制及产业化"时的研究成果之一。渗漏预警系统通过接收沿着管壁传播的泄漏噪声监测金属与非金属管道上发生的泄漏，并锁定漏水发生的区域，探头布设间距100~200m。设备基于频谱自适应滤波预警技术、管道噪声压缩相关算法，实现对管道渗漏噪声的精准诊断、预警，并进行漏损管段定位。渗漏预警监测设备数据传输使用 NB-IoT 物联网络，具有超强覆盖、超低功耗、超低运营成本和超大连接等优点。

渗漏预警系统产品可以配合分区计量系统，监测相关管道漏损情况；如果该区域漏损降下来后，可以把渗漏预警系统挪移到其他漏损区域，继续执行漏损监控工作。

5. 无线远传水表

根据国家以及行业标准，通常应用的无线远传水表需要选择管径在 $DN15~DN50$ 范围内的远传水表。平台系统的建设可以实现用户用水量的远程抄收，减少由于人工抄表造成错抄、漏抄以及"人情水"的现象，提高抄表的及时率和准确率。可选择集中式远传、NB 远传等多种方式传输数据。

6. 爆管预警系统

通过监测管网的压力突变监测管网上发生的水锤，找出水锤发生的管段和引发水锤的原因，从而找出消解水锤的方法，消除由于反复发生水锤引起的爆管。爆管预警系统采用一体式全密闭沉水式强固外壳，防护等级为 IP68；无须配电箱，可直接安装于潮湿、经常下雨、淹水等户外场所，如消火栓、人孔、水表箱、河川、减压阀、下水道，窨井等地方。

7. 压力传感器

根据有关文件要求，现在应该在供水管道上加密压力传感器的点位，以利于建立压力调控系统，对整个供水系统的水压进行实时监测，为供水合理调度和水力模型校核提供数据支撑。压力传感器可安装在阀门井、排气阀井和消火栓阀井等管网设施上。采样间隔 1min 至任意时间，传输间隔 1min 以上，可实现管网压力的实时监测，量程可达 1.6MPa。

8. 供水管内漏水监测水听器

供水管内漏水监测器，也称为水听器或水声侦听传感器。该仪器可以接收管道内漏损噪声信号。由于输水管道泄漏的声波频率与管道内的压力和漏孔大小、形状有关，泄漏声波强度和频率在整个泄漏过程中会不同，泄漏声波会有一个从产生到结束的平均周期，在该周期中包括泄漏的不同阶段，每个阶段的声波频率特性也不同，频率范围一般在 20~2.5kHz。

供水管内漏水监测器通过螺纹接口直接安装在管道上。消火栓、压力监测点、排气阀通常可作为接入点。

该设备具有多功能性，可以和相关仪兼容使用，对漏损可疑点进一步精确定位。应用配套的软件系统，对所采集的并上传到服务器的数据进行分析与评估。

9. 电动阀门

电动阀门是利用电动执行器控制阀门，实现阀门的开关。在分区计量中主要用于突发大范围失压或爆管等紧急情况下自动控制相关阀门开闭,从而减小影响范围和漏量。

10. 止回阀

止回阀是指启闭件为圆形阀瓣,并靠自身重量及介质压力产生动作来阻断介质倒流的一种阀门。在分区计量中主要用于分区边界的隔断,防止回流。

11. 减压阀

减压阀是局部受阻而致使流量发生变化的自动控制节流元件。通过改变节流面积,使流速及流体的动能改变,造成不同的压力损失,从而达到减压的目的。然后依靠控制与系统的调节,使阀后压力的波动与弹簧力相平衡,使阀后压力在一定的误差范围内保持恒定。在分区计量中主要用于高落差供水区域的减压工作,以避免高水压造成漏损增大甚至爆管等。

2.7.2 配套检漏设备

DMS 的主要作用之一是指示漏损的区域,且指导有目标的查漏,快速减少漏损时间,从而达到降低漏损的目的。但最终要实现降低漏损,还需要配套使用相关的,传统意义上的漏点定位设备。使用这些设备检测出漏点位置,并开挖修复才能实现真正地降低漏损,因此高效、精准的查漏设备也是 DMS 建设中不可或缺的组成部分。

1. 相关仪

相关仪主要用于压力管道进行声学泄漏定位的仪器。它具有检测速度快、智能化、精度高且不受埋深影响等特点。主要是把相关仪的两个传感器分别放置在同一管道的两个暴露点上,然后进行漏点检测。在测试时传感器间距一般可控制在 200m(传感器之间的距离与管道材质、管径有关）。

其工作原理简述如下：当管道有漏水时，漏口处产生的漏水声波，从漏口沿管道向两边远处传播，当漏水声波传到两个不同传感器时，会产生时间差 ΔT，只要给定两个传感器之间管道的实际长度 D 和声波在该管道的传播速度 V，漏水点距较近传感器的距离 X 就可按以下计算公式计算出来：$X=(D-V\times\Delta T)/2$，由此得出漏点距离两个传感器各自的距离。

2. 多探头相关仪

国产多探头相关仪采用无线通信技术，主机一体式设计，内嵌工业级平板电脑。目前设备配备四个探头，提供两个高速无线数据传输通道，具有极高的抗干扰能力，可适用于较复杂的工况环境，相对于红外和其他方式，拥有便捷、高速、可靠、稳定等众多优点。可将探头放置在待测管网的多个位置（如阀门和消火栓上），各探头在同一时间记录各点的声波数据。探测时间灵活，昼夜均可。利用专用软件进行声波数据处理分析。探头设置及数据下载利用红外线和 USB 技术，较为便捷。选择适宜的工作时间效果更佳。夜间使用能为漏水声波探测或漏水点定位提供理想的工作环境，能够有效地避免来自交通、用水和其他干扰声源的影响。这款相关仪基于数字处理技术，探头内置高灵敏度传感器，并提供总增益 100dB 的 AGC 调节能力，可有效捕获管道微小泄漏噪声，适用多种管道材质。

3. 相关听漏一体机

相关听漏仪一体机是北京埃德尔公司创新型研发的另一款漏水检测设备，取得了国家发明专利。该设备的创造性研发，利用相关仪的两个信号发射器作为听漏仪的主机，两个相关仪探头增加合适的附件即可作为听漏仪的探头使用,同时再搭配两个耳机就可以成为两套听漏仪。相关听漏一体机既是一套相关仪,也是两套听漏仪,为探漏工作减少了设备携带载荷,降低了探漏设备购置成本,提高了探漏效率。是传统检漏设备的集大成者。

4. 气体检漏仪

气体检漏仪的主要特点是:在供水管道泄漏探测中,采用听音法、相关分析法等探测方法难以解决漏水点问题时,气体示踪法即是一种最佳的检测方法。特别是针对室内微漏以及消防管道微漏造成的保压试验不通过等渗漏问题有很高的实用价值。气体示踪法通过对待测管内注入含有 5% 氢气和 95% 氮气的混合气体,即所谓的"示踪气体"后,氢气则可以从管道泄漏处溢出地面,从而解决了漏水点位置确定的难题。

这款设备对氢气的反应非常灵敏,但对其他可燃气体的交叉敏感度非常低。这种对其他干扰气体不敏感的特性,在不适用于通过声波检测方法的环境下,有效提高了漏水检测的效率和准确度。气体检测设备始终保持高度准确度,提供可靠的检测结果,为日常管网检测工作提供众多优势。如采用图形菜单操作方式,操作清晰便捷;采用耐用的铝制防爆外壳,提供清晰准确的检测结果。

测量氢气灵敏度高,反应速度快,易维护。可在尽可能短的时间内对室外户内的供水、供热或消防管道通过气体示踪法进行检测,对管道中可能存在的泄漏点进行定位。

5. 听漏仪

也称地面听漏仪,主要用于漏水点的精确定位。用听漏仪沿管道作"S"形逐步探测,最终根据泄漏噪声信号的强弱和音色确定漏水点位置。

其工作原理是利用地面拾音器收集漏水声引起的震动信号，并把震动信号转变为电信号传送到信号处理器，进行放大、过滤等处理，最后把音频信号送到耳机，把图形、波形或数字等信号显示在显示屏上，以此确定漏水点。

听漏仪主要由拾音器、信号处理器和耳机三部分组成。

6. 听音杆

机械式听音杆由金属杆体结合鼓腔和音叉或振动簧片组成，可以放大漏水噪声。一般用于检查暴露管道或阀栓判断漏水管段，也用于钻孔定位，是漏水点精确定位和检测埋深管道漏点必不可少且提高工作效率的预定位器件。

7. 钻孔机

也称路面钻孔机，目前有两种：一种是一体式路面钻孔机，另外一种是多功能组合式钻孔机。钻孔机是由发电机、气泵、气缸和电锤构成的自动钻孔设备。钻孔机用于疑似漏点附近的打孔，打孔后使用听音杆深入管道壁或管道附近听漏水声，最终确定漏水点的准确位置，钻孔中见水最佳。此外，也可使用电锤人工打孔。

第3章

DMS 配套的新型管理模式

　　分区计量系统的引入，从直接做法和表象上看，是在管网上增加了常设的泄漏控制系统，是漏损控制、水损监测和检测工作。但在实际中，分区计量管理不仅可以定量控制漏损，把漏损水平维持在国家要求的目标之内，更主要的是引入一套适应市场经济机制的新型管理理念、管理方法、管理模式、管理结构及其相应的运营管理流程。有些地方在实施 DMS 建设以后，迟迟没有把漏损降到位的关键原因之一，就是新型组织架构建设不到位。即便供水企业组织架构不作大调整，但有几点也需要作调整与改善，目的是确实保障坚持"持续、长久、稳定"实施漏损控制，实现国家对漏损率要求的控制目标。

　　基于供水企业原来的传统管理模式，要建立新型管理模式，通常除了调整和完善八个部门，明确这些部门的主要职责外，同时还需要改善管理机制，充分减少部门间相互推诿，提高工作效率，建立以数据为依据的考核体系，尤其明确考核体系中关键性指标：供水收益、管网漏失控制、计量损失及其他漏失总量控制。下面分别叙述有关内容，首先要明确新型组织架构建立的要点。

3.1　新型组织架构调整示意图

供水企业组织架构调整主要涉及八个部门，架构调整示意图如图 3-1 所示：

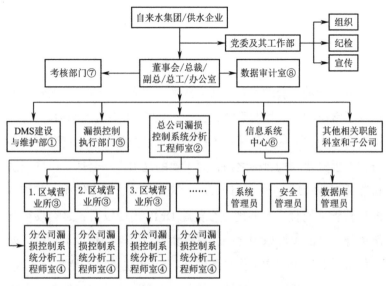

图 3-1　供水企业组织架构调整示意图

3.2　需要调整的工作主要内容

1.供水企业漏损控制领导班子的建立

供水管网 DMS 全覆盖治理漏损是系统工程，一把手工程。要确实把漏损控制抓到位，首要的是建立供水企业漏损控制领导班子，由相关漏损控制管理人员组成班子，组长很关键；通常董事长出任漏损控制领导小组组长，总经理和主管出任漏损控制副组长，其中一位领导作为漏损控制常务副组长，主抓、狠抓漏损控制工作。

2. 供水管网应用 DMS 全覆盖漏损控制工作应纳入周例会

为了彻底治理漏损，需要把漏损控制工作内容列入周例会。除了具体执行领导指示并直接汇报漏损控制情况外，若有降损合作伙伴，要听取该第三方的降损意见。这样，上、下以及合作伙伴齐心合力，对快速实现国家和供水企业的漏损控制目标很有利。除此之外，需要调整供水企业有关部门和人员。这里需要强调说明的是，漏损控制看上去只是供水企业的一小部分内容，甚至不见得被一些供水企业看作那么重要的事情。但是大家应该清楚地认识到：随着时代的快速发展、水资源的严重匮乏、社会发展机制体制的不断转型迭代，漏损控制是供水企业必不可少的重要工作内容，这点不容忽视。供水企业的职责就是保障社会发展，成为民众生存的安全供水方。供水管网发生泄漏必然会引发各种问题，包括水资源的浪费。无论从哪个角度出发，供水安全保障是必须的，因此很有必要应用 DMS 全覆盖供水管网，以便于长期、稳定、持久地抓紧抓好漏损控制。

3. 建立"分区计量系统建设与维护"工作部门

DMS 工作是一个长期而又稳定的工作，有必要实施专人专岗，建立"DMS 建设与维护"部门，专项负责建设 DMS 及其维护工作，并在应用中不断逐步完善。最基本要求是专人负责而不是兼职，兼职就会带来很多不利于供水企业 DMS 建设中的问题，且对长远不利。

4. 建立 DAT 岗位

1)DAT 类同于调度系统监控人员一样。DAT 的岗位职责是：应用 DOMS 系统监控漏损，平衡分析总公司的水损情况，根据 DOMS 系统的评估结果和区域漏损高低顺序，分析原因，调度指挥漏损控制有关部门或者人员处置漏损。需强调的是，DAT 一定要坚持长期、持续应用 DOMS 系统，永久、稳定地监控管网漏损情况。这个岗位，可以和调度合并，但是必须具有这个职责和岗位，保持 24h 监控。

2) 按照供水企业规模具体情况，可以设置几个层级的 DAT。通常起码是总公司一个层级，各个区域供水管理所设置第二层级的 DAT，这样有利于上下配合，把漏损降到合理水平；同时，对坚持以数据为依据的考核体系很有好处。

3) DAT 任务和个人收入可与监控漏损所获得的经济效益直接挂钩。对 DAT 的要求首先是具备责任心，其次是协调管理与技术水平。

5. 区域供水管理所建制数量原则及其职责

建设 DMS 后，需要配置调整或新建区域供水管理所。这里需强调，区域供水管理所的建制基础不是原来传统意义上的以行政管理划分原则为基础，而是以管网分区区域为基础。这个建制原则的变化，关乎着未来供水企业的漏损控制是否能坚持长久、持续、稳定的问题，且和以数据为依据的考核体系直接关联对应。因此，应引起重视。

关于区域供水管理所数量，建议可以最高一级分区 DMZ 的数量作为区域供水管理所数量，也可以根据供水量合并 DMZ 增减建制分区区域供水管理所个数。

区域供水管理所责、权、利如下：

1) DAT 主要任务就是不断提高供水收益率，降低漏损率，并接受绩效考核；

2) DAT 全权管理区域内的供水、售水经营、计量监控系统分析、严格控制漏损率、无计量等一切与漏损有关的事宜；

3) 按照漏损监控运营管理流程，由本分区区域 DAT 或者总公司 DAT 协调下达漏损控制公司执行的具体指令查漏，核查流量监测仪，稽查偷水，维修阀门或水表，杜绝"人情水"等行为；

4) 根据区域供水管理所的运营情况，为总公司提出本所当年、季度或来年的漏损率降低、收益率提高的具体指标建议；

5) 区域供水管理所的收入和其漏损控制所获得的经济效益直接挂钩。

6. 信息系统中心职责完善

作为供水企业的信息系统中心，是当前与未来供水企业建设、发展、维护与管理智慧供水系统的核心部门，这点应充分认识和注意到。

在 2014 年《国家新型城镇化规划（2014—2020 年）》首次提出智慧水务相关政策；2016 年《新型智慧城市评价指标》GB/T 33356—2022 将智慧水务列入智慧城市建设指标体系；"十三五"期间《全国城市市政基础设施规划建设"十三五"规划》《智慧水利总体方案》正式提出发展智慧水务，并设计智慧水利总体方案；"十四五"期间国家明确提出构建智慧水利体系，2021~2022 年水利部印发《关于大力推进智慧水利建设的指导意见》《"十四五"智慧水利建设规划》《"十四五"期间推进智慧水利建设实施方案》等多项规划；"十四五"期间，我国不少省份也提出了智慧水务行业的发展方向，制定了智慧城市、智慧水务、智慧水利建设，基础设施智能化建设等方面的规划，比如下列省份各自提出了本省市的发展方向、规划等：

河北省：加强智慧平台建设，结合河北省城乡建设管理服务系统建设，搭建省级排水信息监管子系统。

北京市：提升传统基础设施智能化水平，构建智慧水务 1.0 基础系统。加快建设水务感知平台、大数据中心，实现水务业务流程数字化。

山东省：加快水利数字化转型，着力构建数字化、网络化、智能化融合发展的智慧水利体系。加强水网数字化建设，坚持工程建设与数字化一体推进。完善水网全要素监测，提升水网调度管理智能化水平。

江苏省：建设覆盖全省共建共享的水利智能感知系统，拓展数字孪生技术应用，优化升级水利云构架，强化智慧水利业务系统建设与运用。构建"全面感知、数字孪生、智慧模拟、精细决策"的智慧水利体系。

浙江省：信息化基础设施不断完善，构建高效能智慧水利网。水利智能感知体系与一体化应用系统基本构建，精准协同高效的智慧水网初步形成。基本形成水利信息化基础设施体系、数字水库、数字河湖等在全国示范引领。

湖北省：推进城乡基础设施智慧升级。加快城乡智慧水务等场景建设，加快低功耗高精度的智慧化传感器规模化部署。

江西省：统筹智慧水利建设。围绕水资源、水生态、水环境、水灾害问题，以数字化、网络化、智能化为主线，按照"1+2+3+N"总体框架，持续完善"江西水利云"和水利通信网、水利信息采集网络"两张网"。

福建省：丰富智慧城市应用场景。推动重要市政公用设施数字化改造。部署指挥电网、智慧水务等感知终端。

广东省：基于"粤治慧"基础平台，加快推进智慧水利建设。以数字化、网络化、智慧化为主线建设全省统一的水库动态管理平台，拟建数字孪生水库。支撑精准化决策，及时发布预警信息。

辽宁省：征集石化行业电化学循环水处理、高浓度有机废水处理回用、水管网漏损检测、智慧用水管控系统等，工业废水循环利用先进技术装备。

由此可见，建设供水企业信息系统中心的重要性和必要性。因此，首先要把信息基础打牢，顶层设计到位，保证数据的一致性，打破信息孤岛；设计统一的数据平台为指导思想，灵活地处理现代管理中出现的各应用子系统之间的关系，既能保持相对独立又能实现信息共享，对各业务类的数据进行设计及分类。例如流量监测数据格式应包含设备编号、瞬时流量、累计流量、监测时间这四个基本的数据内容。将不同设备采集的数据通过数据转换为统一数据格式，用于子系统间的数据调用，有效地对数据进行管理和共享，做好数据的存储与备份，这样长期坚持，漏损数据的分析才能做到准确无误。

信息中心系统配置的工作人员需要安全可靠、责任心强，同时具有编制与维护大数据的基本功底。

7.漏损控制执行公司及其相关漏控人员职责

为了减少水损时间，提高效益，建议把维修和漏水检测队伍合为一体，它的任务是接受和执行来自总公司或区域供水管理所检查、处置和水损有关的事宜。

漏损控制执行公司和区域供水管理所应该是平级，相关漏控人员任务和职责如下：

1) 检测管道漏损，维修、处置相关阀门、公卫、绿化消防漏水等事宜。漏损控制执行公司的收入来自于控制水损的经济收入。他们的考核指标以总公司和区域供水管理所提出水损控制数据为依据，如果达不到所提出的要求就应扣除相应收入。所以这就要求漏损控制执行部门有关人员大力提高自身的技术水平、执行力度和执行效率。

2) 维修时间可以从接到通知起直至维修完成为一个周期。要客观遵循一个允许最短时间，在 48h 之内，最长不要超过 72h 处置好漏损处。如果在规定时间之内完不成维修任务，造成的漏损水量纳入漏损控制执行公司，冲减其效益。

3) 漏损控制执行公司要和应用 GIS 系统相结合，把维修的位置、漏量等情况作好相应记录，且把维修管段位置等有关数据直接输入 GIS 信息系统。一方面始终保持 GIS 信息系统和实际管道状况相一致；另一方面，把传统做法以定性数据制定管网改造规划或者计划的做法，改变为以管网漏点数量为数据依据制定管网改造计划或者规划，这样有利于充分利用有限的资金。

8. 部门联动问题

1) 正如上述 7 中 3) 所述：漏损控制执行部门要把 GIS 的应用和维修结合起来，DAT 人员应依据 GIS 系统中每公里或每年漏点维修数量及其分布情况，为供水企业提出管网改造管段的建议；

2) 管网部门要保障供水管网与对应的管网 GIS 系统保持一致。若有管网改造或者管道维修工作一定要监管到位，将其相应数据对应输入 GIS 系统，这项工作应纳入其考核指标；

3) 提升 SCADA 系统为压力调控工程系统。应该把 DMS 系统、爆管预警和压力调控工程系统有机融为一体，实现三方同步监控，由总公司 DAT 作为漏损控制要点部门，以收到更好的效益；

4) 渗漏预警、渗漏预警与漏点定位系统、压力调控工程管理应与 DMS 系统的实施机构保持一致，这样有利于提高工作效率；

5) 要开展在用计量设备的误差核查，不合格表具即时更换。对表具管理工作不太重视是我国供水企业的通病。这项工作虽然繁琐，但很重要，它关系着降损数据的准确性，应该把该项工作内容纳入相关部门的考核指标；

6) 加强稽查工作，杜绝一切偷水、"人情水"等行为，对此行为造成的供水漏损经济损失原因进行深度分析，且把此项工作明确到部门，分工负责；

7) 要指派专人，负责供水用户在册核查登记，确保用户不遗漏，把此项工作纳入部门考核内容。

总之，部门联动才能有效协调，把工作落到实处，保障降损执行顺畅，提高工作效率，便于快速降低漏损，提高经济效益，提升供水企业社会效应、公众形象。

第4章

坚持应用"以数据为依据的考核体系"

再次强调的是控制漏损是建立供水企业日标工作之一，也是提高经济效益，提升企业形象，保护水资源的充分必要条件。

前面章节探讨了供水管网漏损治理全覆盖技术与方法"降损运营全流程"。为把国家漏损控制目标落实到位，本章主要针对供水企业总公司和区域供水管理所研究考核体系及其考核指标。其他相关各部门的考核指标，供水企业应该围绕总公司供水和降损目标——对应制定。

4.1 考核体系八个数据

本章考核体系建议中主要涉及：供水量、售水量、漏损量、漏失量、实际销售收入、漏损率、其他（管理）漏失率，供水收益率八个数据。

这八个数据涉及五个基础量，三个派生数据。这五个基础量与计量、抄表、水费回收、无计量用水、偷盗用水、"人情水"、管网漏失，还有管网附件或设施的维修管理等有关。由此可以看出，这些基础数据实际上反映的是供水企业的综合性管理问题。

4.2 区域供水管理所绩效考核指标及计算方法

考核采用三率加权计算方法。在实际计算中，三率指的是供水收益指数、漏损控制指数和漏失控制三指数。具体计算方法如下（以区域供水管理所为例）。

区域供水管理所绩效计算公式如下：

区域供水管理所绩效 BP= 供水收益指数 × 权重系数 1+ 漏损控制指数 × 权重系数 2+ 管网漏失控制指数 × 权重系数 3。其中，权重系数由供水企业自行确定。所谓权重系数是"表示某一指标在指标系统中的重要程度，权重系数总和是 1"。在这里假定上述三项权重系数 1、2、3 分别为 0.65（65%）、0.20（20%）、0.15（15%）。

三指数的释义和计算如下：

1) 区域供水管理所供水收益指数

供水收益指数 = ｛供水收益率 / 售水平均水价（元 /t）｝× 100%；

其中：供水收益率（元 /t）= 年销售收入 / 年供水总量。即实际收入的平均水价。

2) 区域供水管理所漏损控制指数

区域供水管理所漏损控制指数 =（实施前漏损率 − 实施后漏损率）/（实施前漏损率 − 漏损控制目标率）× 100%；

其中：

实施前漏损率 =（实施前漏损量 / 供水总量）× 100%；

实施后漏损率 =（实施后漏损量 / 供水总量）× 100%；

漏损量 = 供水量 − 售水量 − 免费供水量；

漏损控制目标率，总公司应该按照实际情况，可以分阶段，也可以直接按照国家要求制定，但最终目标控制是要实现国家规定的漏损率。

3) 管网漏失控制指数

管网漏失控制指数 =（实施前管网漏失率 − 实施后管网漏失率）/（实施前管网漏失率 − 漏失控制目标率）× 100%；

其中：

实施前管网漏失率 =（实施前管网漏失量 / 供水总量）× 100%；

实施后管网漏失率 =（实施后管网漏失量 / 供水总量）× 100%；

管网漏失量 = 夜间最小流量 − 夜间正常使用量 − 背景漏失量 (DOMS 系统中有计算数据)。

4.3　考核指标的置换

在管网漏失控制指数取得较好效果后，计量漏失或其他漏失就有可能成为主要矛盾，可把第三个考核指数替换为计量漏失控制指数、其他漏失控制指数（或称管理漏失控制指数）。

其他漏失控制指数计算相对简单，用各区域供水管理所漏损控制指数 − 管网漏失控制指数就应该是其他漏失控制指数；为了更精确，可以利用上述算法模式，替换相应的计算数据，得出其他漏失控制指数。

第5章

供水管网 DMS 监控漏损运营管理系统 DOMS 及其应用

应用 DMS 系统全覆盖供水管网，实施完成供水管网漏损控制任务，是我们建设分区计量系统的核心任务。因此，在建设 DMS 后，保障系统稳定、持续、长期降低漏损的关键环节是坚持长久应用"供水管网分区计量漏损监控运营管理系统"，即 DOMS 系统。该系统展现降损全过程与管理全流程。

5.1 DOMS 系统概况

DOMS 系统是基于"十二五"水专项课题"供水管网漏损监控设备研制及产业化"的成果之一"wDMA"的功能提升版本。其参考了国际水协会（IWA）DMA 管理指导要点，融合了国内外应用 DMS 的成熟经验，创新型发展为 DMS 全覆盖供水管网治理漏损的运营管理系统。其基本思路是：应用夜间最小流量原理，根据 ALR 理论，利用物联网技术的高端智能感知设备，对供水管网的流量、压力、噪声以及必要时水质数据进行实时监控和分析；应用多种数学模型，包括爆管预警与节能降耗数学模型，从而实现对供水系统漏损水平或问题区域快速判断的智慧化管理系统。

DOMS 系统本身具有提升漏损监控的 AI 人工智能新技术，配套北斗卫星授时定位功能的渗漏预警与漏点定位技术，同时除了对漏损预警报出当前漏损率外，还具有系统在线监控设备故障报警功能，不仅是实现供水企业持续、长久、稳定地降低漏损，确保安全供水，实现经济效益、社会效益最大化，高效治理漏损的管理系统，也是促进水资源管理的一种技术手段。经过多年的应用、实践与完善，DOMS 形成了一套供水企业智慧水务不可或缺的智慧化漏控平台，甚至成为建设智慧城市不可或缺的应用系统。

5.2 系统特点与功能

DOMS 系统应用多个迭代数学模型、AI 智能分析技术、节能降耗，爆管预警及与北斗卫星授时定位功能配套的具有足够多的子功能模块，各供水企业可以根据具体情况增减其功能模块。

1. 系统特点

1) DOMS 系统借鉴了目前一线互联网公司所采用的系统架构设计（面向服务、负载均衡、多端应用等）及新型软件框架（VUE3、NET6、Redis、RabbitMQ 等），系统在运行效率、用户体验、风险容灾、运维管理方面都有很好的保证，是很多世界500 强公司所选择的系统设计方案。

2) DOMS 系统为供水企业多级分区管理提供软件系统平台，系统设计界面友好、功能完善、操作简便。

3) 应用物联网技术、高端感知设备实现数据在线采集，兼容不同厂商不同标准设备的数据。

4) 应用流量、售水、压力等相关数据，系统自动评估供水企业及各分区区域的漏控水平。

5) DOMS 系统本身兼容多种监测手段，除了对流量、压力、噪声、水质进行系统监测外，还对在线设备实施运行状况监测。

6) 在使用相关版渗漏预警设备的前提下，应用 DOMS 还可以对管道漏水点进行精确定位，从而真正实现了对 DMS 全覆盖区域（面）- 线（管段）- 点（漏）的快速降损。

7) 兼顾水质、节能降耗、爆管预警等运行为应急预案提供实时数据依据。

总之，应用 DOMS 实现了漏损监控管理科学化，提供多角度、多维度的管网运行状态，为供水企业提供辅助决策支持，使企业持续保持长久、稳定、有效地降低漏损，把漏损水平保持在国家要求的漏控目标之内。

2. 系统功能（图 5-1）

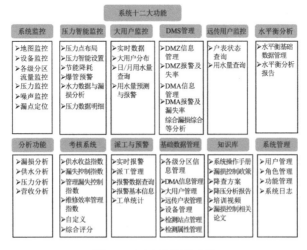

图 5-1　DOMS 系统功能

51

1) 部分系统功能展示（图 5-2）

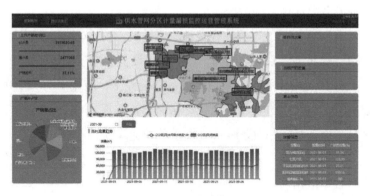

图 5-2　系统功能展示

2) 主要功能（图 5-3）

1-本系统完全可以接入整个供水企业分区计量系统
应用
2-点击查询可按时间搜索出对应的流量趋势的数据
3-点击数据明细跳转到系统详情页面

4-点击分区简介弹出简介弹框
5-点击上月漏损明细、漏损分析、上月
日均漏损量都会跳到漏损分析的页面

6-漏失占比跳转到混损及混失页面
7-点击总表跳转大用户管理，点击户表跳转远
传户表管理，点击离线设备跳转设备状态

8-点击报警信息跳转实时报警页面
9-点击总分区系统、各级分区、DMA
标签可以相互切换

图 5-3　主要功能展示

3) 部分功能简述

(1) 漏损分析

按月对各级分区的产销差、漏损率及其漏损状况进行综合
评估。

对于以两个月为一个抄表周期的供水企业可进行以两个月为节点的漏损分析，当然其他周期也可。

(2)分区供水量查询

查询分区的流量数据，可分别以日报、月报、季报和年报的方式进行筛选，在日报中还会体现夜间最小流量分析数据，并且可以以曲线图方式更直观地分析水量趋势与水量异常。

(3)各个分区的售水量查询

分区售水量查询可以单月或多月（按照客户的抄表周期）合并查询数据结果，并支持曲线图查看趋势，环比同比售水量分析，用户抄见率分析，大用户抄表明细查询等。

(4)压力监测、监控

以地图为基础，分别显示：分区边界图、高压区域。

(5) 压力热点展示

不同级别的压力管线、压力点实时数据，设备状态及报警状态等信息。

(6) 压力实时监控

可对接入系统的压力监测点进行实时压力监控，及时发现管网的压力突变，指导相关人员快速查找原因，及时解决问题。

(7) 绩效考核管理

可将相关管理部门的考核以供水收益指数、漏失控制指数、管理漏损控制指数和维修效率管理指数等指标纳入系统管理。

(8) 知识库功能

知识库内含系统操作手册、漏损控制相关论文等，方便系统应用人员了解、熟悉与掌握操作软件应用流程，帮助使用人员了解当前行业人员关注重点以及新技术动态，并提供相关降损解决方案，便于协助有关人员拓展思路。

4) 漏损分析部分数学模型

(1) 爆管预警模型

在 DOMS 系统中，应用 YWAWA 爆管预警数学模型（Yang Weighted Average Wrong Algorithm， YWAWA）与爆管预警监测系统、压力调控系统并行，起到三向实时爆管预警的作用。

YWAWA 功能是将监测到的实时压力与其平衡值、爆管点位水锤压力均值、爆管点的水锤最高值、高程差、温度等数据进行迭代融合运算，对管网进行贴近度判断，即时预报出最可能发生爆管事故的管段与点位，对城市保障供水经济效益、社会效益、环境效益很有益处。

(2) 降压节能模型

采用 PFSE（Pressure Falling Save Energy，PFSE）数学模型，以保障正常用水的条件下，尽可能降低到合适压力的一种计算方法。使管网压力趋于均匀，明显节约能耗。与 YWAWA 算法并用，既可以节能，又可减少高压地区的漏失水量与管道爆管的可能性。

5) 压力报警细分释义

(1) 压力瞬变报警与压力数据的报警明细查询功能

当系统判断发生压力瞬变时，系统会将瞬变发生的时间和瞬变的幅度在历史库中进行比对，从而对该瞬变进行风险定义，如风险超过阈值便触发报警。

压力瞬变报警功能提供压力瞬变数据的图形化分析工具，在页面上分别展示瞬变曲线图形、低频压力曲线图形、压力区间曲线图形以及压力事件分布图形。通过叠加多个压力瞬变曲线实现对压力瞬变源进行定位。压力时间分布图形可以分为同一时刻异常值、关键异常值、所有异常值，并以点阵列的方式显示在图形界面上。

(2) 低频压力报警

系统按照以往管网运营压力历史数据评估出对应时间段压力区间，当管网压力高于或者低于这个压力区间即触发该压力报警。

低频压力报警功能提供低频压力瞬变数据的图形化分析工具，在页面上展示出低频压力曲线以及压力区间阴影。

提供图形工具可叠加不同站点及其他监控数据（如声学数据）进行组合查询，DOMS 系统还具有许多其他功能，这里就不再一一展开叙述。

第6章

DMS 建设中分区结构与编码设计规则

随着时间的推移，近年来，国家发展和改革委员会与住房和城乡建设部、水利部等部委，多项文件都要求抓紧强化漏损控制，实施供水管网分区计量全覆盖。由于全国各地供水企业所处城市规模不同，供水区域与模式差别大，再加上各地地理、地形态势各异、水源不同、管径大小差别大、管道材质各异，在规划DMS 建设时嵌套层级有较大区别。此外，供水企业在建设 DMS和应用 DOMS 中，都是采用自动采集数据、识别监测点、智能化、智慧化分析预测漏损情况。所以供水企业很有必要在建设分区计量大数据库中，把 DMS 规划中的各个不同级别、不同层次的分区区域冠以规律性的识别码。下面为了便于大家理解与分析，在图 6-1 中，以建设四个层叠分区 DMS 系统为例，把各层级分区区域剥离为一张离散式的、从各级大分区 DMZ 直到末级分区且大家熟知的 DMA 集散图，由此讲解分区结构与编码设计规则。

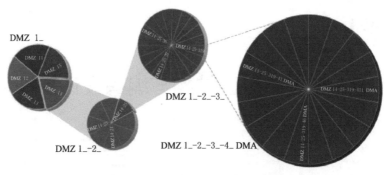

图 6-1　分区计量设计规划示意图

如图 6-1 所示为分区计量设计规划示意图，讲述供水企业 DMS 建设中，从最高一级 DMZ 分区区域到末级 DMA 的编码规则。

6.1　DMS 全覆盖管网建设与示范 DMA 工程的区别

1. 国家有关部委对分区计量漏损控制文件概述

前面已经讲述过，自从 2012 年开始建设分区计量 DMA 示范工程以来，我国供水行业取得了比较大的经济效益和社会效益。在此期间，国家有关部委多次发布了有关建设分区计量系统、强化漏损控制的工作文件。

如：2015 年 2 月"水十条"中明确指出：到 2017 年，全国公共供水管网漏损率控制在 12% 以内;到 2020 年，控制在 10% 以内;

2016 年年底北京埃德尔公司承担的"十二五"水专项课题"供水管网漏损监控设备研制及产业化"验收后，住房和城乡建设部办公厅发布了《城镇供水管网分区计量管理工作指南——供水管网漏损管控体系构建》（试行）；

2022 年 1 月 19 日，住房和城乡建设部办公厅、国家发展改革委办公厅印发《关于加强公共供水管网漏损控制的通知》，明确到 2025 年，全国城市公共供水管网漏损率力争控制在 9% 以内。

紧接着，《国家发展改革委办公厅　住房和城乡建设部办公厅关于组织开展公共供水管网漏损治理试点建设的通知》中明确指出：为贯彻落实党中央、国务院决策部署，降低城镇公共供水管网漏损，提高水资源利用效率，打好水污染防治攻坚战，根据《"十四五"节水型社会建设规划》《关于加强公共供水管网漏损控制的通知》，国家发展和改革委员会、住房和城乡建设部组织开展公共供水管网漏损治理试点建设，明确要求：实施供水管网改造工程、实施供水管网分区计量工程、实施供水管网压力调控工程、实施供水管网智能化建设工程、完善供水管网管理制度五项建设内容，并提出建设目标：到 2025 年，试点城市（县城）建成区供水管网基本健全，供水管网分区计量全覆盖，管网压力调控水平达到国内先进水平，基本建立较为完善的公共供水管网运行维护管理制度和约束激励机制，实现供水管网网格化、精细化管理，形成一批漏损治理先进模式和典型案例。公共供水管网漏损率高于 12%（2020 年）的试点城市（县城）建成区，2025 年漏损率不高于 8%；其他试点城市（县城）建成区，2025 年漏损率不高于 7%。所有这些文件都说明一点，漏损控制是供水企业的重点任务，实施供水管网 DMS 工程是完成漏损控制任务必不可少的技术手段。

2.DMZ 与 DMA 在建设 DMS 中的区别与联系

经过这么多年业内业外人士的合力耕耘，DMA 这个概念已经在有关各界人士心目中形成了一个牢记而又熟知的概念。但是大家并不十分清楚要全面治理供水管网漏损就必须引入 DMZ 概念与应用。关于 DMZ 的概念在本书 2.1.2 节中已经有所论述，这里不再重复介绍。这里重要的是论述 DMZ 与 DMA 在建设 DMS 中的区别与联系。

1) 最高一级 DMZ 逐级嵌套直至对接或者新建末级 DMA

在 DMS 建设中，谨记要做好由上至下，从最高一级区域 DMZ 向下一层级 DMZ 逐级嵌套，直至新建或者对接已经建立的末级分区区域 DMA。DMZ 是大区域，包括最高一级 DMZ 区域，而 DMA 是 DMS 系统建设中最末一级分区区域，简言之 DMZ 与 DMA 是 DMS 系统建设中的最高一级分区区域与最低一级分区区域，或者也可以将其二者理解为是 DMS 中的一头一尾分区区域。在实施不同层级分区区域建设的同时，要赋予每个层级分区区域不同的标识，以便于建设 DMS 数据库应用。对于已经建设过 DMA 的城市，要做好自上而下由最高一级 DMZ 向最低一级 DMA 建设的分区工作，包括对接原来已经建设的 DMA 和新建的其他层级分区区域标识的规范和统一。

2) 以最高一级 DMZ 启动实施 DMS 的优势

(1) 按照 DOMS 的指引，实时发现漏损严重的最高一级 DMZ 分区区域，然后按照 DOMS 对 DMZ 区域漏损轻重缓急严重程度的排序，逐步有序建设各层级分区区域，这样有利于抓住漏损严重的区域，有序降低漏损；

(2) 不仅能够快速有序抓准漏损严重大区域，而且有利于分批次、按年度、按季节等有计划安排有限资金投入的计划；

(3) 从最高一级 DMZ 分区区域建设 DMS，有利于应用总公司初始漏损量与漏损率，做好资金投入平衡点，不花多余的钱。

总之，从最高一级 DMZ 启动实施 DMS，很有利于加快实现国家发展和改革委员会与住房和城乡建设部要求的漏控目标的速度，提高资金利用率，缩短了实现国家漏控目标的时间。

6.2 DMS 建设分区层级数量规划依据

关于 DMS 建设分区层级数量规划依据，在前面章节内容已经有所叙述，根据供水企业管网规模与降损收益平衡数据，规划总体分区层级数量。

供水企业在做分区计量规划设计前，首先要依据自身供水规模、管道长度、管网拓扑结构、地形特点、漏损情况，做好降损、收益和投资平衡分析。

一般来说，直辖市、省会城市以及比较大的地市级供水企业DMS 系统建设的级数最多五级，若拟计划建设六层级时要谨慎（主要考虑投资回报率）；地市级规模的供水企业一般规划三级，规模较大的可考虑四级；县市级二级、三级也有可能，但有不少一级尚可。通常情况下，分区层级越多，监测点越多，收效越快，但是投资成本就越大。但有些特殊地区地形从收益效果分析，不是层级越多，效益就越好，所以各地要按照自己的具体情况规划周全。大家知道，在每一层级分区区域中，会建设本分区区域的下一层级分区区域，直至实施或者直接对接已经建立的 DMA。

6.3 各层级分区区域识别码编制规则

1. 关于 DMS 分区区域层级划分与编码设计

除了末级 DMA 分区外，其他各层级都称作 DMZ，但是 DMZ 有层级之分与本级之分。假定某省会城市 JN 供水企业要实施 DMS，且计划实施 4 个分区层级，包括末级 DMA 在内。首先要从 DMZ 规划设计开始：最高一级 DMZ 分了五个分区区域，亦即五个最高一级 DMZ，那么我们把这五个一级 DMZ 标识码设计为：DMZ11、DMZ12、DMZ13、DMZ14、DMZ15；其中第一个数字 1 为层级数，而其后面的 1~5 数字是第一层级 DMZ 中，按顺时针顺序五个 DMZ 的识别编码。

2. 从最高一级 DMZ 设计其下一层级亦即二级 DMZ 编码规则

假定，以最高一级分区区域中的第四个 DMZ 分区 DMZ14 为例：DMZ14 的下一层级划分了 10 个二级 DMZ，那么这十个二层级 DMZ 的编码是：DMZ14-21、DMZ14-22、DMZ14-23、DMZ14-24、DMZ14-25、DMZ14-210；其中 DMZ14 后面的 2 就意味着第二层 DMZ；而前面凡是 DMZ14 就说明是第 1 级 DMZ 的顺序编号第四个区域；二层级 DMZ 的第二个数字 1~10 就是一级 DMZ14 中二层级十个 DMZ 顺序编码，比如：DMZ14-24、DMZ14-210，它们分别是最高一级 DMZ 中第四分区区域中的，第二层级分区区域中的 1~10 个 DMZ。

3. 在第二层级 DMZ 分区区域内设计第三层级区域编码规则

假定在第二级分区区域 DMZ14-25 中又划分了 20 个三级 DMZ 区域，那么，编码规则如下：

第三层级的 DMZ 编码同样，按顺时针方向有序定为：

DMZ14-25-31、DMZ14-25-32、DMZ14-25-33、DMZ14-25-34，以此类推，直到最后一个 DMZ14-25 的三级 DMZ 的编码为 DMZ14-25-320，同理其他三级分区区域也是如此编码。

4. 末级 DMA 的编码规则

前面已经完成了三个层级分区，现在需要新建或者与原建设的 DMA 对接。

关于新建末级 DMA 的编码问题，就是说在三级分区的基础上再划分末级，而在每个三级 DMZ 中都会建设 DMA，假定我们选择 DMZ14-25-319 为例，计划在这个三级分区中细分为 60 个 DMA，那么 DMZ14-25-319 末级区域 DMA 的编码规则如下：DMZ14-25-319-41DMA、DMZ14-25-319-42DMA、DMZ14-25-319-43DMA、DMZ14-25-319-44DMA，以此类推，直至 DMZ14-25-319-460DMA，或者编码字母全部在前也可以，比如刚才的 DMZ14-25-319-DMA460 等。

5. DMZ 与末级 DMA 对接编码事宜

有不少供水企业可能已经建设了 DMA 或者建设了部分 DMA。比如：某省会城市供水企业确实也建设了 350 个 DMA。如何对接呢？假定仍然以 DMZ14-25-319 为例，第三级区域有一部分需要新建 DMA，而有一部分则需要对接已建设的 DMA。在对接中需要注意两边对应设计规则，同时，要把原来建设的 DMA 的编码全部按照新的规则改编，以免对接后分析数据不对称，出现结果不对应等问题。这里提请注意的是，为了不出现乱象，可以仍然按照顺时针方向，全面规划 DMA 对接顺序及其相关分区区域编码。

对其中各层级分区区域编码规则作的详细阐述，希望大家在使用中进一步加深理解与体会，并完善之。

本章详细阐述了供水管网应用 DMS 系统全覆盖漏损控制系统建设的全过程，自上而下、层叠嵌套、逐级分区、从最高一级 DMZ 直至末级 DMA 的规律及其编码规则。相信只要供水企业坚持建设 DMS 全覆盖供水管网，应用 DOMS 系统，扎实实施五化："系统化、网格化、精细化、智慧化、规模化"漏损控制措施，国家和供水企业的漏控目标不仅能够实现，且能持续、稳定地保持在合理的、符合国家要求的漏损控制目标之内。

第 7 章

漏损控制配套设备

前面提到过，应用 DMS 全覆盖供水管网高效全面做好漏损控制，离不开分区边界点的监测设备与确认漏损点定位的配套检测产品。还有，需要强调的是要做到数据安全，那么监测设备应该采用中国自己的产品。

本章在基于北京埃德尔公司承担"十二五"水专项课题"供水管网漏损监控设备研制及产业化"成果的基础上，总结了这些年实践使用的经验教训，不断提升产品的质量与性能，完成"十三五"水专项"多水源格局下 – 水厂 – 管网联动机制及优化调控技术"课题任务，"管网泄漏在线监测定位装备研发"的成果包括："在线渗漏预警与漏点定位系统"等产品，以利于供水企业应用选择。

7.1 供水管道监测设备

7.1.1 多功能漏损监测仪

应用多功能漏损监测仪可以监测供水管道流量、压力、噪声，必要时也可以监测水质，并将监测数据远传至 DMS 数据库。多功能漏损监测仪，原则上可任意组合传感器实施监测，即把有限几个具有监测功能的传感器，有机集于一体形成监测体系，这样可以节约人力、物力以及开挖和工程安装的有关费用。在 2016年 12 月该课题完成验收后，经过多年的应用，不断总结经验教训，极大地提升了多功能漏损监测仪的性能与质量，应用效果显著。

图 7-1　紫台多功能漏损监测仪

1. 产品概述

如图 7-1 所示，紫台多功能漏损监测仪系列属国内首创。该产品创造性地集流量、压力、噪声三种传感器整合于一体，且采集同一监测点流量、压力和噪声数据，大大提高了分析数据的精确性。数据记录仪通过 NB-IoT 或 4G 通信方式，实现了数据的高效采集和传输，加以配套专用上位机软件的分析处理功能，有效提升了工作效率，降低了系统维护难度及其费用。

2. 产品特点

1)流量、压力、噪声数据的有机结合。

2) 数据采集频率、发送频率等可灵活设置。

3) 数据记录仪采用大容量电池、低功耗设计，最大限度地保证了系统的运行时间。

4) 传感器采用不锈钢材质，耐腐蚀、耐压力。

5) 结构紧凑，体积小、重量轻。

6) 后台软件功能强大，显示内容丰富，数据处理效果好。

3. 技术参数（表 7-1，图 7-2）

技术参数表　　　　　　　　　　表 7-1

超声波流量监测单元	
测量精度范围	≤ 1%
测量范围	管段式、外夹式 $DN15\sim DN1000$，插入式 $DN80\sim DN1500$
电源	内置锂电池
测量周期	500 ms ~ 49 s
采样次数	每个测量周期采样次数 32~128 组可选，初始设定 64 组
输出	RS485
通信协议	Modbus 协议
显示	本地 96 段 LCD 显示
数据存储	可存储时间、瞬时流量、累积流量、信号状态等
其他功能	系统端保存 10 年以上历史数据，设备端保存 30d 数据
防护等级	IP68
噪声监测单元	
工作温度	−20 ~ 70℃
数据记录容量	60 条数据
传感器类型	加速度传感器
传感器材质	316L 不锈钢
通信方式	RS485
数据记录仪	
电池类型	内置锂电池
使用年限	3 年

续表

数据记录仪	
数据接口	RS485
远传方式	4G/NB-IoT
监测数据	流量、压力、噪声
工作温度	−20 ~ 70℃
内存	≥ 16GB
质量	2kg
压力监测单元	
量程	0~1.6MPa
输出信号	4~20mA(二线制)、0~5V、1~5V、0~10V(三线制)、RS485
工作温度	−40~120℃
负载电阻	电流输出型：最大 800Q; 电压输出型：大于 50kQ
绝缘电阻	大于 2000MQ (100VDC)
防护等级	IP68
稳定性能	0.1%FS/ 年
振动影响	在机械振动频率 20~ 1000Hz 内输出变化小于 0.1 %FS

4. 三种标准配置

1) AD-F：数据记录仪，流量监测单元，数据云服务。

2) AD-FP：在 AD-F 的基础上，增加压力传感器。

3) AD-FPL：在 AD-FP 的基础上再增加噪声传感器。

5. 可选配套

数据采集软件，水质监测仪如图 7-2 所示。

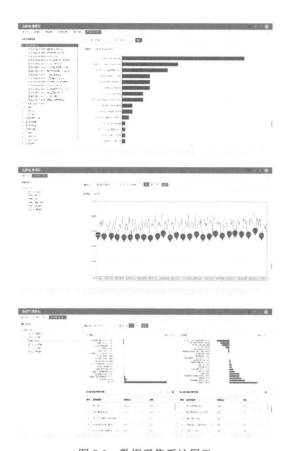

图 7-2　数据采集系统展示

7.1.2　A+K 远传水表

A+K 远传水表是由电磁流量传感器和转换器组成一体的流量测量系统。具有宽量程、低始动流量和高精度的特点。主要用于原水出厂、大用户贸易、小区考核、二次供水、分区计量等水务场合，广泛应用于无电源场所的水流量测量（图 7-3）。

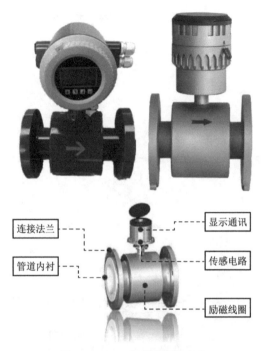

图 7-3　A+K 电磁式远传水表

1.产品特点

A+K 电磁式远传水表 R 值高，超宽测量范围，真正做到滴水可测；内置锂电池续航能力强，理论电池寿命为 12 年，确保电池可工作 6 年；IP68 防护等级，多重密封设计；水下长期使用自适应变频测量，检测到开阀，关网或流量突变时，会启动1s 一次的快速测量，持续 1min 遇变即报；多种报警功能，实时掌握仪表和流量状态；防拆设计，所有固定螺丝全部隐藏，出线孔封胶处理，无可移动部件，无磨损；可通过 GPRS、NB-IoT、RS-485 等读取瞬时流量、累积流量以及其他各种相关数据；ETFE 喷涂衬里，在耐酸碱、耐腐蚀、防皲裂、防脱落、耐摩擦、耐冲击、不结垢、长寿命等方面具有明显的优势，其理论使用寿命可达 30 年。电磁水表无线传输系统如图 7-4 所示。

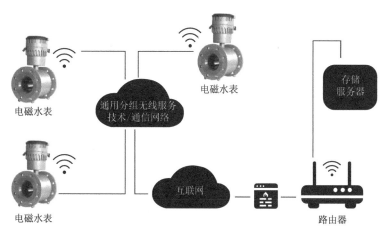

图 7-4　电磁水表无线传输系统图

2. 技术参数（表 7-2）

技术参数表　　　　表 7-2

执行标准	《饮用水冷水水表和热水水表》GB/T 778—2018
计量方式	正向，反向，净流量
准确度等级	1 级，2 级
环境等级	0 级
通信输出	GPRS, NB-IoT,RS485(Modbus-RTU 协议)
连接方式	法兰连接，符合 GB/T 9124—2019 标准
电磁环境等级	E2 级
公称通经	DN40~DN300

量程比	R160, R250, R400, R630
温度等级	T30/T50
工作压力等级	PN10, PN16
供电电源	3.6V 锂电池
防护等级	IP68

各校准装置图如图 7-5、图 7-6 所示，生产车间如图 7-7 所示。

图 7-5 音速喷嘴气体校准装置图　图 7-6 静态容积法水流量校准装置图

图 7-7 生产车间

7.1.3 在线渗漏预警与漏点定位系统

在线渗漏预警与漏点定位系统是北京埃德尔公司在承担"十三五"水专项课题任务时，基于"十二五"水专项成果之一"渗漏预警"基础上，增加了相关功能，且应用北斗卫星授时定位技术，独创双重同步监测与漏点定位预警仪器，极大提高了漏点定位精度。该产品的特点不仅能监测到某管段漏损，还能监测这段管道上可疑漏点位置。主要用于分区计量中的高漏损区域漏损监测，将漏损定位从定向某个分区缩小到某个管段，且在合适的条件下，精确确定该管段漏水点位置。

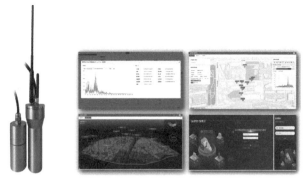

图 7-8　在线渗漏预警与漏点定位系统 AD-Corlog^{NB}

1.产品概述

如图 7-8 所示，在线渗漏预警与漏点定位系统 AD-Corlog^{NB} 是在深化应用"十二五"水专项成果"渗漏预警"技术基础上，应用了三项发明技术与北斗卫星授时定位技术；同步采集管道泄漏噪声并上报至服务器，在服务端利用数学模型与高等算法进行运算处理；创新实现了智能化在线漏点直接精确定位的功能，漏点定位精度效果显著。该设备可昼夜工作，夜间效果更为突出。

2.产品特点

在线渗漏预警与漏点定位系统 AD-Corlog^{NB} 漏点定位精度更为精准，该产品具有下列特点。

1) 采用"独创"双重同步及相关误差修正方法，漏点定位精度更高；

2) 支持 GPS/GNSS 双模定位，定位信息直接上报服务器；

3) 支持蓝牙配置，可通过小程序进行设备端配置管理；

4) 当前待机功耗小于 5μA；正常情况下，电池使用寿命超过 3 年；

5) 超强信号覆盖；

6) 超低运营成本；

7) 极小体积，便于运输与安装；

8) 防护等级 IP68，经过中国计量科学研究院测试认证，探头可入水工作。

3. 技术参数（表 7-3）

技术参数表   表 7-3

工作时间	标准模式大于 3 年
防护级别	IP68
频率范围	0~5000Hz
灵敏度	>70V/g
工作温度	−25 ~ 70℃
采集样本	60 组，3s/ 组
外形尺寸	40mm × 260mm
定位精度	金属管 ±1%，非金属管 ±2%
探头质量	700g
电源	内置大容量锂电池
待机功耗	<5μA

4. 标准配置（表7-4）

			标准配置表	表 7-4

NB-IoT 模式	噪声传感器	数据记录仪	标准连接线（3m）	天线
数据云服务	说明书	仪器箱	在线渗漏预警与漏点定位系统	

5. 可选配置

1) 天线延长线（长度可定制）；

2) 连接线（长度可定制）；

3) 隔热探头（适用于高温热水管道）。

7.1.4 压力传感器

图 7-9 压力传感器 AD-P

1. 产品概述

如图 7-9 所示，压力传感器 AD-P 采用无线 NB 智能压力监测终端，对管网的压力情况进行监测，并将压力数据、报警数据发送到 DOMS 系统和其他需要的系统中（包括信息中心），提供原始数据以供相关系统如水力模型对管网的漏损及水锤进行判断与报警。

产品可在终端通过按键设置高 / 低报警值、波动阈值、上传间隔时间等参数，也可通过云平台远程设置高 / 低报警值、波动阈值、上传间隔时间等参数。支持远程迁移、在线查看实时数据和历史数据，让客户准确及时掌握现场信息。屏幕常亮，不灭屏，方便日常巡检。

2. 产品特点

1) 无线数据远传；

2) 密封性强、稳定性高、防潮、防震、防有害气体，可适应室外较恶劣的情况；

3) 低功耗，液晶屏，人性化设计，读数清晰，准确度更高；

4) 采用功率型大容量锂压电池，为产品提供稳定、可靠电源；

5) 压力或液位波动实时告警；

6) 工作模式自动切换。

3. 技术参数（表 7-5）

技术参数表   表 7-5

工作电源	3.6V,13000mAh（功率型）
电池寿命	3 年（1h 发送一次数据、CSQ ≥ 12）
量程	压力：0~1.6MPa；液位：0~5m
功耗	待机电流≤ 35μA，数据平均发送电流≤ 60mA
网络制式	NB-IoT（全网通）/4G/POE/LORA
采样间隔	2 次 /min（可设置）
结构设计	表头可 330° 旋转
使用寿命	1000 万次
传感器	双晶硅传感器
封装方式	一体结构，永不泄漏

7.1.5　电动阀门

图 7-10　电动法兰蝶阀 D941X-16Q

1.产品概述

如图 7-10 所示为电动法兰蝶阀,应用电动执行器控制阀门,实现阀门的开关。电动蝶阀简单地说,就是在手动阀门的基础上加装了电控部分。其可分为上下两部分,上部分是电动执行器,下部分是阀门本身,利用电动执行器来控制阀门,从而实现阀门的开和关,减少了人力成本,提高工作效率,也使阀门在自动化系统中发挥不可或缺的功能。

2.产品特点

1) 该产品体积小;

2) 重量轻;

3) 性能可靠;

4) 配套简单;

5) 流通能力大,零泄漏,造价低,特别适用于介质清洁液体和气体,是市政工程以及自来水工程的首选。

2. 技术参数（表 7-6）

技术参数表　　　　　　　　　　　　表 7–6

阀体	球墨铸铁 / 铸钢 / 不锈钢
阀板	尼龙涂层 / 不锈钢 / 电镀
阀座	乙丙橡胶 / 丁腈橡胶 / 硅橡胶
常规电动执行器电压	AC380V/AC220V/DC24
公称压力	PN10/PN16

3. 产品规格：*DN*50~*DN*3600（表 7-7）

技术参数表　　　　　　　　　　　　表 7–7

项目名称	采用标准
设计制造验收	BS EN—593
阀门结构长度	EN558
阀门法兰连接	S07005.2
阀门检验	ISO5208—1987
阀门标志	ISO5209—1987
驱动装置连接	ISO5211—1982
阀门供货要求	—

产品具体配置，可以根据需要配置。

7.1.6　止回阀

1. 产品概述

在分区计量中，止回阀主要用于分区边界的隔断，防止回流，如图 7-11 所示。

图 7-11　卧式微阻缓闭止回阀 HH49X-16Q

微阻缓闭蝶式止回阀是一种由阀体、两块半圆阀瓣、回位弹簧、储油缸、缓闭小气缸组、微量调节阀等组成的消声缓闭止回阀。其主要依靠进口介质的推力作用，将两块阀瓣平稳推开，在此同时，进口的压力介质进入油缸内活塞的下部，推动活塞，将活塞上部的油，通过针型阀分别压入阀体两侧的小气缸尾端，使小气缸内的活塞杆伸出，当进口介质压力下降低于出口压力时，介质将产生回流，此时阀瓣在弹簧和介质回流的作用下，将自动关闭。但由于活塞杆处于伸出的位置，顶住阀瓣不能全部关闭，还剩有 20% 左右的面积使介质通过，从而起到了消除水锤的作用，该阀的阀瓣关闭，被活塞分成先快速后缓慢两部，达到既防止介质倒流又起到消除水锤和噪声的作用。

2. 产品特点

1) 设计合理、结构新颖、体积小、重量轻；

2) 流体阻力小、压损小，效率高；

3) 介质逆流时此阀能缓慢关闭，可有效地消除水锤和噪声；

4) 密封性好、启闭平稳、节能降耗、耐磨损、安装维修方便。

该产品广泛用于清水、污水等介质的给排水管道上,既能有效地防止介质倒流产生水锤,又能保障管线使用安全。最主要可以在自来水管网中减少爆管的风险性。

3. 技术参数（表 7-8)

技术参数表   表 7-8

阀体	球墨铸铁 / 铸钢 / 不锈钢
阀板	球墨铸铁 / 铸钢 / 不锈钢
密封	橡胶
法兰尺寸	PN10/PN16

4. 产品规格 :*DN*50~*DN*1400（表 7-9）

技术参数表   表 7-9

项目名称	采用标准
阀门结构长度	GB/T 12221—2005
阀门法兰连接	GB/T 9119—2010
阀门检验	GB/T 13927—2022

产品具体配置,可以根据需要配置。

7.1.7　200X 型减压阀

1. 产品概述

如图 7-12 所示,200X 型减压阀是一种利用管道内介质自身能量来调节与控制管路压力的智能型阀门。200X 减压阀用于生活给水、消防给水及其他工业给水系统，通过调节减压导阀，即可调节主阀的出口压力。出口压力不因进口压力、进口流量的变化而变化，安全可靠地将出口压力维持在设定值上，并可根据需要调节设定值以达到减压目的。200X 减压阀减压精确、性能稳定、安全可靠、安装调节方便、使用寿命长。

图 7-12　200X 型减压阀

2.产品特点

200X 减压阀是不需要任何外加能源，利用被调介质自身调节的减压产品。该产品最大特点是能在无电源、无气源的场所工作，同时又节约了能源，压力设定值在运行中可随意调整。采用快开流量特征，动作灵敏、密封性能好，是水利管网不可或缺的产品。

3. 技术参数（表 7-10）

技术参数表 表 7-10

阀体	球铁 / 铸钢 / 不锈钢
阀芯	球铁 / 铸钢 / 不锈钢
密封	橡胶 / 聚四氟
法兰尺寸	PN10/PN16
产品规格	*DN*50~*DN*800
阀门结构长度	GB/T 12221
阀门法兰连接	JB/T 9113—2000
阀门检验标准	GB/T 13927—2010

7.2 配套检漏设备

7.2.1 国产设备

1. 紫探听漏仪 ADL-MI（图 7-13）

图 7-13 紫探听漏仪 ADL-MI

1) 产品特点

(1) 外形小巧，轻便易携带；

(2) 具有高低档组合滤波功能；

(3) 具有音量、增益调节功能；

(4) 使用高灵敏度传感器，音质清晰辨识度高；

(5) 可使用充电电池，供电时间长达 30h。

2) 技术参数（表 7-11）

技术参数表　　　　表 7-11

滤波段	100Hz/500Hz/800Hz/1200Hz
滤波范围	0~3000Hz
传感器类型	压电陶瓷传感器
电源	4 节 7 号碱性电池（或可增配为充电电池）
显示器	128mm×64mm 点阵单色液晶屏
外形尺寸	175mm×72mm×30mm
工作时间	单次持续工作时间大于 8h
工作温度	−25~55℃

3) 标准配置

(1) 主机；

(2) 专用耳机；

(3) 传感器；

(4) 电池；

(5) 背带；

(6) 说明书；

(7) 仪器箱。

4) 可选配置

控制手柄、探头防风护罩、隔热探头（适用于高温热水管道）。

2. 紫探听漏仪 ADL-PRO（图 7-14）

图 7-14　紫探听漏仪 ADL-PRO

1) 产品特点

(1) 采用低功耗 DSP 数字处理技术；

(2) 具有 24 位 16Kbps 量化采样功能，CD 音质；

(3) 具有混凝土、方砖、土路等路面及宽频自定义 4 种模式，满足各种检测需要；

(4) 具备 10 段可自由设置的组合滤波均衡器，满足各种复杂工况环境需要；

(5) 具有独立高通、低通滤波功能；

(6) 9 组最小值柱形图存储记录，可在干扰噪声大的环境中精确定位漏点；

(7) 集成两级数字压限器，有效提高音质，并具有听觉保护作用；

(8) 集成大容量 SD 卡，可实时存储噪声数据。

2) 技术参数（表 7-12）

技术参数表　　　　表 7-12

测量范围	地埋压力管道
显示屏	240mm×128mm 点阵液晶
电源	内置可充电锂电池
工作时间	20~22h
充电时间	8h
工作温度	−25~55℃
防护等级	IP54
传感器类型	高灵敏度压电陶瓷加速度传感器，内置放大器
连线	军用高强度柔性连线
灵敏度	≥10V/g
安装方式	三角支架
防护等级	IP68
工作温度	−25~55℃
设备质量	1.5kg

3) 标准配置

(1) 主机；

(2) 专用耳机；

(3) 传感器；

(4) 电池；

(5) 背带；

(6) 说明书；

(7) 仪器箱。

4) 可选配置

控制手柄，隔热探头（适用于高温热水管道）。

3. 紫侠相关仪 ADC-Wi-Fi（图 7-15）

图 7-15　紫侠听漏仪 ADC-Wi-Fi

1) 产品特点

(1) 该设备不仅具有相关仪功能，同时具有听漏仪功能，8 段增益调节音量大小；

(2) 移动智能终端数据运算平台，超快运算速度，且快速记录并分享检测结果；

(3) 采用无线通信技术；接收机 ADC 采样速率达到 10K/s，漏点定位更加准确；

(4) 检测数据可随时存储，无数量限制，便于事后回放与分析；

(5) 可对多达 10 段的混合管材管径进行检测；

(6) 采用拉杆箱设计的箱体，携带设备方便。

2) 技术参数（表 7-13）

技术参数表　　　　　　　　　表 7-13

接收机 ADC-Wi-Fi/R	
Wi-Fi 传输距离	150m
电源	内置可充电锂电池
工作时间	14h

续表

充电时间	8h
工作温度	−25~55℃
外形尺寸	230mm × 133mm × 80 mm
防护级别	IP56
发射机 ADC-Wi-Fi/T	
增益调节	8 段增益调节
音频输出	有
工作时间	14h
发射功率	500mW
工作频率	433MHz
工作温度	−25~55℃
外形尺寸	230mm × 133mm × 80 mm
防护等级	IP56
质量	1.5kg

3) 标准配置（表 7-14）

标准配置表 表 7–14

移动智能终端	1 台
发射机	2 台
接收机	1 台
探头	2 个
充电器	1 个
说明书	1 本

4) 可选配置

隔热探头（适用于高温热水管道）。

4. 相关听漏一体机 ADC-V

图 7-16　相关听漏一体机 ADC-V

1) 产品概述

如图 7-16 所示为 ADC-V 紫侠相关听漏一体机，采用"人工智能液体压力管道泄漏检测技术"研制而成，具有相关仪与两台听漏仪的功能。

在北京市科学技术委员会主持召开的科技成果鉴定会中，受到了委员会专家一致认可。鉴定委员会认为：人工智能液体压力管道泄漏检测技术，其技术指标达到并部分超过了世界同类产品水平。

ADC-V 紫侠相关听漏一体机取得了国家发明专利证书。

ADC-V 紫侠相关仪发射机进行了全面升级，体积更小，功耗更低，并且内嵌滤波功能。相关信号在发射前进行滤波处理，提高相关准确性。发射机集成了专业的听漏功能，可作为专业听漏仪使用。其与听漏仪的完美结合，真正实现了一机两用的功能。

ADC-V 相关仪接收机采用触摸式高亮显示屏，适应户外作业，全铝合金机身和内置散热装置提高了对高温环境的适应能力。

ADC-V 上位机软件功能强大，不仅可以进行现场相关分析，还可以进行功率密度谱分析、噪声波形实时显示、历史分析结果展示等；界面友好，配置灵活，便于操作。

2) 产品特点

(1) 工业触摸屏平板电脑，操作简便，全铝机身，高温环境适应能力强；

(2) 高亮显示屏，适合户外使用；

(3) 发射机集相关、听漏于一体，除作为相关仪发射机外也可作为专业听漏仪使用，发射机采用自动增益控制，具有 50~100dB 的动态范围，使探测信号发送前达到最佳程度；

(4) 接收机模拟信号采样速率达到 10Kbps（国外一般是 5Kbps），漏点定位更加准确，相关数据可随时存储，无数量限制，便于事后回放与分析处理；

(5) 发射机 500mW 发射功率保证发射机与接收机的通信性能，满足长距离测量。用作听漏仪时，具有马路、方砖、土路等路面检测模式；

(6) 高灵敏度加速度传感器（带放大功能）适用于各种长距离管道检测，可对多达 10 段的混合管材管径进行测量。

3) 技术参数（表 7-15）

技术参数表　　表 7-15

接收机	ADG-V/R
显示屏	8.9 英寸（约 22.6cm）彩色液晶触摸屏
屏幕分辨率	1024×600
电源	内置可充电锂电池
工作时间	6~8h

续表

工作温度	–20~55℃
防护级别	IP56
发射机的听漏功能	
滤波功能	70/106/160/240/360/540/800/1200/1800 可任意连续波段组合选择
显示屏	240×128 图形点阵屏幕（带背光）
滤波范围	0 ~ 4000Hz
频谱分析	70~1800Hz 9 档中心频率
连续监测	3min、10min、30min
电源	锂电池供电（标配）
发射机功能	
工作时间	> 10h
发射功率	500mW
工作频率	433MHz
工作温度	–20~55℃
外形尺寸	230mm×133mm×80mm
防护等级	IP56
传感器	
连线	军用高强度柔性电缆
灵敏度	>10V/g
防护级别	IP68
工作温度	–20~80℃（可选择耐高温传感器，达 150℃）

4) 标准配置（表 7-16）

标准配置表　　　　　　表 7–16

相关仪接收机	1 台
相关仪发射听漏一体机	2 台（红、蓝各 1 台）
听漏传感器专用三角底座	2 个
听漏耳机	2 个
433 天线	4 只
软件光盘	1 张
传感器	2 个
充电器（通用）	3 个
软件使用手册	1 本
使用说明书	1 本
合格证、仪器箱	1 个

5. 紫侠多探头相关仪 ADC-ML

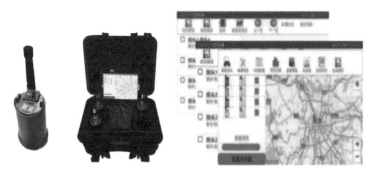

图 7-17　紫侠多探头相关仪 ADC-ML

1) 产品概况

如图 7-17 为紫侠多探头相关仪 ADC-ML，基于数字化处理技术，探头内置高灵敏度传感器，采用无线通信技术，提供两个高速无线数据传输通道，具有极高的抗干扰能力，可适用于复杂的工况环境。相对于红外和其他方式，拥有便捷、高速、可靠、稳定等众多优点。

该产品的检测时间设置灵活，昼夜均可。利用专用软件进行声波数据处理与分析。探头设置及数据下载利用红外线和 USB 技术，方便、快捷。选择适宜的工作时间效果更佳。

2) 产品特点

(1) 基于数字处理技术；

(2) 采用无线通信技术；

(3) 支持 AGC(自动增益控制)；

(4) 主机一体式设计，内嵌工业级平板电脑；

(5) 支持波形分析和声音回放；

(6) 采用超高灵敏度传感器；

(7) 支持多种管道材质。

3) 技术参数（表 7-17)

技术参数表　　　　　　　　　　　　　表 7–17

采样速率	10Kbps
通信频点	433MHz
采集累计时间	≤ 255s
探头增益	>100dB
响应频率范围	10~4000Hz

续表

探头防护等级	IP68
工作温度	−25~55℃
探头续航时间	＞3 年
建议配置探头数量	3~8 个

4) 标准配置

智能终端、探头 4 个、充电器、说明书、仪器箱。

5) 可选配置

隔热探头（适用于高温热水管道）。

7.2.2　进口的检漏设备

根据我国实际情况，有些供水企业习惯使用进口设备。我国进口的检漏设备主要来自于德国、瑞士、英国、意大利等国家。下面重点介绍北京埃德尔公司独家代理的瑞士产品，便于大家应用。

1. 多功能听漏仪 TERRALOG（图 7-18)

图 7-18　多功能听漏仪 TERRALOG

1) 产品特点

(1) 高灵敏度传感器，可获得清晰的声音；

(2) 高对比度图形显示器；

(3) 数字蓝牙耳机，实现无干扰传送；

(4) 具有地面噪声分布图形显示功能；

(5) 泄漏噪声可存储和回放，录制声音通过 USB 接口传送电脑；

(6) 具有瞬间噪声消除功能，预防听觉受损；

(7) 可使用电池供电；

(8) 具有自动关机功能，更加节电；

(9) 人体工程外壳由抗冲击塑料制作，重量轻。

2) 技术参数

(1) 音频传送：无干扰蓝牙 2.1 无线技术（Ⅱ类），也可用电缆连接，具有听觉保护特性；

(2) 响应频率：20~8000Hz；

(3) 滤波器：音频信号的滤波器可开 / 关；

(4) 功能: 高通、低通位置可随意调整，且对显示值没有影响；

(5) 操作温度：-15~$65℃$；

(6) 湿度：0~99% RH 相对湿度；

(7) 防护等级：IP54；

(8) 传感器：vonRoll PE 颤声器带高强度磁力夹板；

(9) 显示器：LCD 图形显示器，128×64 分辨率，包括背景照明，对比度优化为室外使用；

(10) 证书：CE (Conformite Europeenne) 根据指令要求，EMV EN 61326-1 ETSI EN 300 328，EN 61010-1 电器设备的安全

要求；

(11) 外壳：抗冲击 ABS/PA SCHULABLEND 塑料外壳，17.5cm × 8.5cm × 3.5cm，人体工程学造型，可单手操作；

(12) 电源：手持设备 4 × 1.5V 碱性或 1.2V NiMH 电池；蓝牙耳机：内置电池可通过 USB 充电，主机电池的使用时间约为50h，耳机的电池使用时间约为 30h，10min（无操作）之后自动关机；

(13) 质量：手持设备 320g，传感器 600g，整机箱 4670g。

3) 标准配置

TERRALOG 手持设备、带连线传感器、蓝牙耳机、延长杆及三脚架、背带、说明书、仪器箱。

4) 可选配置

隔热探头（适用于高温热水管道）。

2. 智能相关仪 LOG 3000（图 7-19)

图 7-19　智能相关仪 LOG 3000

1) 产品特点

(1) 新一代移动式笔记本相关仪，性能卓越，适用于多种管材压力管道（钢、铸铁、球磨铸铁、塑料、水泥等）。结果准确、有效、报告简明，并为管道开挖和后续的维修提供参考依据；

(2) 可用于应急性的管道检查等工作；

(3) 夜间作业警示灯底座及抗摔外壳设计，方便现场作业；

(4) 内置蓝牙无线传输模块，分析准确可靠；

(5) 内置可充电锂电池，待机时间长达 10h 以上。

2) 技术参数（表 7-18）

<table>
<tr><td colspan="2" align="center">**技术参数表**</td><td align="right">表 7-18</td></tr>
<tr><td colspan="2" align="center">设备功能</td></tr>
<tr><td align="center">测量距离</td><td align="center">100~400m</td></tr>
<tr><td colspan="2" align="center">红色 / 蓝色发射机</td></tr>
<tr><td align="center">传输功率（免授权 ISM 频段，433MHz）</td><td align="center">10hW</td></tr>
<tr><td align="center">组合探头 / 充电插座（类型）</td><td align="center">DIN 680</td></tr>
<tr><td align="center">电池类型</td><td align="center">锂电池</td></tr>
<tr><td align="center">电池容量</td><td align="center">1300mA</td></tr>
<tr><td align="center">工作时间</td><td align="center">>10h</td></tr>
<tr><td align="center">充电时间</td><td align="center">2h</td></tr>
<tr><td align="center">防护等级</td><td align="center">IP 54</td></tr>
<tr><td align="center">工作温度</td><td align="center">−20~50℃</td></tr>
<tr><td align="center">尺寸（加 12cm 天线）</td><td align="center">14.5cm × 8.5cm × 4.8cm</td></tr>
<tr><td align="center">质量</td><td align="center">0.716kg</td></tr>
<tr><td colspan="2" align="center">接收机</td></tr>
<tr><td align="center">天线插座（433 MHz 车载天线）</td><td align="center">BNC</td></tr>
<tr><td align="center">组合 USB/ 充电插座（类型）</td><td align="center">Micro USB</td></tr>
<tr><td align="center">电池类型</td><td align="center">锂电池</td></tr>
<tr><td align="center">电池容量</td><td align="center">2350mA</td></tr>
<tr><td align="center">工作时间</td><td align="center">>12h</td></tr>
<tr><td align="center">充电时间</td><td align="center">2h</td></tr>
<tr><td align="center">防护等级</td><td align="center">IP54</td></tr>
<tr><td align="center">工作温度</td><td align="center">−20~50℃</td></tr>
</table>

尺寸（加15cm天线）	17.5cm×9.0cm×4.0cm
质量	0.722kg
探头	
线长	1.80m
连接器（类型）	DIN680
防护等级	IP68
尺寸	ϕ 40mm×90mm
质量	0.6kg
仪器箱	
仪器箱尺寸	50cm×43cm×17.5cm
仪器箱质量	7.7kg

3) 标准配置（表7-19）

标准配置　　　　　　　　　　表7-19

接收机	1台
探头	2个
USB连接线	1个
发射机	2台
车载充电器	1个
说明书	1本
仪器箱	1个

4) 可选配置

延长线，隔热探头（适用于高温热水管道）。

3. 噪声监测相关仪 ORTOMAT-MTC

图 7-20　噪声监测相关仪 ORTOMAT-MTC

1) 产品概况

如图 7-20 所示，ORTOMAT-MTC 埋地饮用水管道持续泄漏监测，采用最新技术和多样的测量方法。使用 ORTOMAT-MTC 泄漏监测系统，可在泄漏初期发现漏水迹象，快速有效地检测或监测到压力管道是否存在漏水，无论是持续的还是短时性的。应用相关技术，可精确定位泄漏点。ORTOMAT 软件应用系统，可为用户提供简单而有效的泄漏点信息。

监测数据经设置后可自动上传至终端。磁性传感器适用于在管井、消火栓或供水管道上直接安装。设备具有 IP68 防护等级的坚固外壳，适用于恶劣的运行环境。由于其小巧的尺寸和分体式结构，该设备可以快速方便地在管网中进行安装，管网的每个机械连接处均可作为一个监测点。

2) 产品特点

(1) 目前国内唯一一款可提供本地化数据的进口产品；

(2) 高灵敏探头集实时监测及相关定位于一体，可及时准确定位泄漏点；

(3) 独特的时间同步技术, 确保各监测点数据可进行相关分析;

(4) 无须构筑中继系统或其他无线网络;

(5) 监测点彼此独立, 直接与服务器通信;

(6) 通俗易懂的分析结果方便判读;

(7) 安装简单方便。

3) 操作原理

ORTOMAT-MTC 除全天 (24h 监测) 持续记录测试点的噪声情况外, 于每日水消耗量低谷时间段, 应用高灵敏度振动传感器, 对放置点进行特殊监测, 记录管网中发生的微弱泄漏噪声。除噪声水平外, 还会记录音频状况, 用于对泄漏点进行精确定位。除此之外, 该设备还提供了一种先进的功能, 即可快速发现从消火栓取水的 hydroalert 监测功能。

4) 数据传输

数据记录仪提供与服务器全自动通信功能。新发生的泄漏点信息可以通过 SMS 短信方式立即报告给相关人员。ORTOMAT-MTC 采用一体化数据传输方式, 使用现有的宽带和移动电信网络, 无需安装中继设备或其他无线电传输网络。此外, 该设备配有一个蓝牙适配器, 用于现场联机设置和数据连接。

5) 数据分析

用户可以通过电脑终端的安装软件访问监测数据并进行分析, 现场安装设备的位置和状况可清晰地显示在地图和列表视图中。

6) 技术参数（表 7-20）

技术参数表　　　　　　　　　表 7-20

数据记录仪				
传感器	压电陶瓷	无线电技术	蓝牙模块 (2.4 GHz / 100mW) GSM 4- 波段 (850 /900 / 1800 /1900MHz) UMTS 5- 波段 (800 / 850/900/1900/2100 MHz)	
接收传感器适配	NdFeB φ25 mm / 160N	供电	3V / 2.9Ah(2×AA 锂电池；可移动)	
漏水监测	噪声水平测量，噪声过程分析，HYDRANT 监控，相关仪	电池寿命	2~3 年 (因配置不同或有差异)	
数据读取	FTP 服务器 -> GPRS/ UMTS (全球) 移动手机 SMS (全球) 蓝牙接口 (本地)	防护等级	IP68	
数据存储	120000 测量点 (动态)	质量	150g	
数据传输速率	蓝牙 (19200 波特) Ext	外壳	铝制，耐磨保护，橡胶制成的黑色端盖	
工作温度	−20~60℃			
传感器	压电陶瓷	无线电技术	蓝牙模块 (2.4 GHz / 100mW) GSM 4- 波段 (850 /900 / 1800 /1900MHz) UMTS 5- 波段 (800 /850/ 900 /1900 /2100 MHz)	

7) 标准配置

(1) ORTOMAT-MTC 数据记录仪；

(2) 磁力适配器；

(3) PE 振动传感器（带连接电缆 - 电缆集成 FM 天线）；

(4) 天线；

(5) 说明书。

4. 新型多功能气体泄漏检测仪 GM5（H_2）

图 7-21　新型多功能气体泄漏检测仪 GM5（H_2）

1) 产品概况

如图 7-21 所示，GM5（H_2）是通过追踪气体，定位供水管道疑难泄漏点的专业检测设备。新型多功能气体泄漏检测仪 GM5（H_2）可以准确可靠地执行管网检测任务。GM5（H_2）产品将专业检测技术与使用便利性相结合，是供水管道和家庭泄漏检测的理想工具之一。适用于气体检测、管网检漏、气体泄漏定位、示踪气体检测，以及监测爆炸极限、检查和惰性化。

2) 产品特点

(1) 耐用的铝制防爆外壳；

(2) 简单易用的图形菜单操作方式；

(3) 符合德国水气专业协会（DVGW）标准 G465；

(4) 氢气测量灵敏度高，反应速度快，提供清晰准确的检测结果；

(5) GM5（H_2）始终保持高准确度，同时具有维护便易、长期稳定等特性。

3) 技术参数（表 7-21）

技术参数表　　　　　表 7-21

显示器	图形 LCD 显示器，带有自动照明，160×80 像素，67mm×34mm
报警	声光报警
泵类型	隔膜泵，流量可调
传感器类别	半导体传感器，热传导传感器
灵敏度	1ppm
气体类型	氢气
温度范围	−20~40℃
测量范围	1ppm~1%volH_2，0~100%volH_2
供电	3×1.2V 可充电电池，或 3×1.5V 电池
工作时间	正常 10h
仪器尺寸	215mm×100mm×60mm
质量	1.8kg
防护等级	IP54
防爆等级	EEX ib d Ⅱ B T3，Ⅱ类 2 组，适用于Ⅰ类Ⅱ类爆炸区域
仪器箱	尺寸 39.5cm×30cm×14cm，质量 1.84kg

4) 标准配置

主机（含防护套）、手持可伸缩探头、三节 1.2V 可充电电池、油水分离器、过滤棉、充电器、背带、说明书、仪器箱。

5) 可选配置

手推车探头、钟形探头、锥形探头等。

5. 供水管道示踪气体检测仪 GASENA 5（H₂)（图 7-22）

图 7-22　供水管道示踪气体检测仪 GASENA 5（H₂)

1) 产品概况

如图 7-22 所示，应用供水管道示踪气体检测仪 GASENA 5
（H₂) 可在尽可能短的时间内，对室外户内的供水、供热或消防
管道，通过对管内注入含有 5% 左右氢气混合气体的方式进行检
测，对管道中可能存在的泄漏点进行定位。

GASENA 5（H₂）对氢气（0~3000ppm）的识别非常灵敏，
并对其他可燃气体的交叉敏感度非常低。

2) 产品特点

(1) 温度自动补偿；

(2) 防溅外壳防护等级为 IP65；

(3) 启动时具有自检功能；

(4) 菜单引导功能；

(5) 背光显示屏；

(6) 声光报警（LED 红色）；

(7) 报警值可根据需要调整；

(8) 一体式气泵，1.8L/min；

(9) 可充电电池。

3) 技术参数（表 7-22）

技术参数表　　　　　　　　　　表 7-22

测量量程	0~3000 ppm
常用量程	30~1000 ppm
显示屏	112mm × 37 mm
显示模式	数字和条形图带背光
警报阈值	3 个可调警报阈值 (150ppm、100ppm、500ppm)
内置真空泵	吞吐量 80L/h (1.3L/min)
数据输出	串口 RS232
工作温度	−10~50℃
供电方式	内置镍氢电池 7.2V/3800 mAh
工作时间	12~15 h
充电时间	6h
防爆认证	EXⅡ 3G EEx nAC ⅡC T1
仪器质量	1.14 kg
仪器外壳尺寸	160mm × 75mm × 75mm
仪器箱	尺寸 50cm × 52cm × 11.5cm，重 4.5kg

4) 标准配置

主机、背带、充电器、快速接头、探头（伸缩式探针）、仪器箱。

5) 可选配置

钟形探头、地毯式探头。

7.3　漏损控制辅助工具

系统化漏损控制除了需要应用系统硬软件和电子漏水检测设备外，还需要应用一些辅助工具，从而使漏水点定位更精准、更高效，避免误检。这些辅助工具包括听音杆、勘探棒、钻孔机、管线仪、探地雷达和测距仪。

7.3.1　听音杆

听音杆俗称听漏棒、听音棒、听针，是一种简易的听音工具，通过物理传音现象将漏水声音传递至人耳中。

如图 7-23 所示，听音杆主要由金属杆体、发声腔、簧片或音叉组成。

听音杆是漏水检测工程师的必备辅助工具。主要用于快速检查阀栓和暴露管道，便于快速发现漏水管段，缩小漏水检测范围。也可用于浅层（1m 以内）管道漏水点精确定位。

图 7-23　听音杆

听音杆利用声音的传导及放大原理，将听音杆金属探杆尖端接触管道暴露点表面或埋地管道上面的地面，检测工程师耳朵贴于听音杆另一端发声腔上。可以听到管道远端和地下管道的漏水声音，在某种意义上，听音杆就像医生的听诊器。

听音杆的操作极其简单，但是需要长时间的经验积累，才能准确定位漏点位置。自来水管道漏水检测就是将听音杆的细尖端放在暴露管段表面或漏水点上方地面，耳朵放在发声腔上，如听到"嘶嘶"的声音，说明当前暴露管段附近或远端可能存在泄漏。一般经验就是如果漏口很小就会发出"嘶嘶"的声音，漏口大或离暴露管段近就会发出"隆隆"的声音。经验丰富的检测工程师根据这些声音来判断漏水点的大概位置。听音杆常配合听漏仪、相关仪使用，同时也需要钻孔机配合在地面钻孔后，再应用听音杆听钻孔处管段的漏水声，以便确定该管段是否存在漏水点，且进一步确定漏损点相关位置。

常用的听音杆规格有 1.5m、2m 和 2.5m 等。有的听音杆是整杆一根；有的听音杆可以分成多节，然后使用者再组合为一根听音杆。仅一节听音效果最佳，多节则携带方便。

7.3.2　勘探棒

勘探棒又名钻洞棒，是一种简便、快捷、省力的钻探工具。钻洞棒主要由高强度钢钻杆、套锤、套锤绝缘套和止动螺杆组成。其主要作用是辅助验证查漏设备定位的漏点的位置，避免因其他干扰因素而造成误开挖（图 7-24）。

图 7-24　勘探棒

　　勘探棒一般用于听漏仪或相关仪查出可疑漏点大概位置后，在地面合适位置凿一排洞，方便听音杆深入地下管道管壁或附近侦听漏水声音便于判断漏水点准确位置，从而避免误开挖或开挖面积过大。

　　勘探棒使用的注意事项：

　　1）不要使用勘探棒直接钻探硬质地面（如其钢筋混凝土、地砖、瓷砖、石块等硬质地面），以免损伤钻头。

　　2）在钻探前首先使用管线探测仪，确认钻探地点下方有无其他管线（特别是电缆和光缆）。

　　3）钻探过程中，应尽量使勘探棒与被钻地面垂直，以免钻杆弯曲。

　　4）长时间不使用时，请用软布浸润润滑油擦拭后，置于干燥处保存。

7.3.3　一体式钻孔机与组合式多功能钻孔机

图 7-25　一体式钻孔机

1. 产品概述

钻孔机有两种产品类型：一体式钻孔机（图 7-25）与组合式多功能钻孔机。它们主要由发电机、电锤、气动千斤顶和空压机组成。用于快速地在坚硬的沥青或混凝土路面钻孔，方便、快捷，不会对路面造成破坏，极大地降低操作人员的危险性，提高工作效率，降低劳动强度。钻孔机是专为漏水检测泄漏点精确定位而研发，最大钻孔深度可 1400mm，可选 900mm 和 1100mm 型号，也可根据客户需求提供更长钻头，增加双气路功能。根据用户使用情况，最新研发了可拆卸组合板钻孔机，使搬运更轻便、更方便，且可一机多用。

钻孔机是由发电机为电锤和空压机提供电能，空压机为气缸提供动力，控制电锤自动上升和下降，电锤缓慢下降过程中转动的电锤钻头在硬质地面上匀速下钻，不卡钻，人员无危险且轻松。

2. 产品优势

钻孔机主要部件采用进口品牌产品，其结构紧凑，性能优越。操作简单，结实耐用，科技含量更高，性能达到国际同类产品水平。

3. 技术参数（表 7-23）

技术参数表　　　　　　　　　　表 7-23

电锤参数	
型　号	GBH 7-45DE
工作电压	220V
凿头位置	12
工作电流	4.5~9.5A

续表

工具接头	SDS—max
频　率	50Hz
润　滑	中央控制之持续性润滑
输入功率	1250W
单机质量	约 7.5kg
输出功率	600W
安全等级	双重绝缘（Ⅱ）
敲击次数	1300~2600 次 /min
单一敲击强度	4~9/11J
孔洞保护塞参数	大径：24mm，小径：18mm，高：34mm

4. 标准配置（表 7-24）

标准配置表 表 7-24

日本本田 (HONDA) 发电机	1 台
美国巨霸（PUMA）空气压缩机	1 台
韩国三正（SC1000）竖直气缸	2 只
德国博世（BOSCH）电锤	1 台
德国博世（BOSCH）钻头	1 根
控制导轨	2 套
推手	1 套
气动开关	1 套
操作控制单元	1 套

5. 可选配置

1) 由标配单气路改为双气路；

2) 孔洞保护塞。

6. 组合式多功能路面钻孔机及其优势

如图 7-26 所示，最新的组合式多功能钻孔机是在传统一体式钻孔机的基础上研发生产的新型多用途钻孔机。由于传统一体式钻孔机体型大，而且很重，使用时上下车需多人合力搬运，且上下车搬运时存在一定安全隐患，同时钻孔机使用频率相对较低，平时不用时发电机闲置是一种隐性的资源浪费。因此，北京埃德尔公司研究了新型的组合式多功能钻孔机。组合式钻孔机可拆分为动力单元和自动钻孔单元，动力单元在不用作钻孔时可以用作便携式发电机使用，以充分利用设备资源，提高设备利用率。因此基于以上两大原因发明了组合式自动钻孔机。它既减轻了搬运重量和安全隐患，又提高了设备的利用率。

图 7-26 组合式多功能钻孔机

组合式多功能钻孔机优势主要体现在五点：

1) 分体重量轻，拆分后方便装卸，两人即可完成；

2) 多功能组合钻孔机，是由不锈钢材料焊接组合，可组合完成工作，也可分体式应用，其中配备的 2.8kW 发电机既能应用于钻孔机配套使用，也可单独应用于抢险抢修、电源应急等野外环境；

3) 多功能组合钻孔机的多用途应用，既能用于自来水管道巡线中的漏点定位钻孔，也能用于燃气行业的钻孔，取代人工，方便操作，提高工作效率；

4) 钻孔机扶手是由耐 10kV 绝缘材料组成，安全性强，对操作工人起到了有效保护的作用；

5) 配有万向脚轮，方便施工人员在各种路况的作业应用。

7.3.4　测距轮

图 7-27　测距轮

1. 产品概述

如图 7-27 所示，产品采用高精度计米器、加厚橡胶轮胎以及起始指针设计，用于测量两点间的距离，数字显示测量结果，操作方便，多种型号可选，适用于多种场合的距离测量。

2.产品特点

1) 数显屏显示;

2) 金属固定支架;

3) 伸缩式手柄杆;

4) 测量精准、操作简单。

3.技术参数 (表 7-25)

技术参数表   表 7–25

测量精度	0.5%
测量范围	0~99999.9m
仪表规格	图 7-28

型号	DIGI-160	DIGI-318	DIGITAL-PRO-1
产品图			
精度	±0.3%	±0.3%	±0.3%
测量范围	0~99999.9m/ft	0~99999.9m/ft	0~100000m/ft
单位切换	m/ft	m/ft	ft/in/m/cm/'/"
整体长度	90cm	98.5cm	100cm
伸缩长度	61.5cm	70cm	61cm
轮直径	16cm	32cm	32cm
轮周长	55cm	100cm	100cm
轮胎厚度	13mm	13mm	13mm
数据保持			√
背光功能	√	√	√
历史记录	5组	5组	5组
最小值	0.1m	0.1m	0.1m
重量	0.9kg	1.3kg	1.5kg
使用电源	2节7号电池		

图 7-28 技术参数

4.标准配置（图 7-29）

测距轮、说明书、仪器包。

图 7-29 标准配置

5. 可选配置

可折叠支架

7.3.5 探地雷达 LMX100/LMX200

图 7-30 探地雷达 LMX100/LMX200

113

1. 产品概述

如图 7-30 所示，LMX 是当今市场上首屈一指的 GPR 定位工具，为定位勘测人员提供查找和标记各种管道（包括塑料和陶瓷）的位置。标配的内置功能可进行屏幕截图并将其保存，然后通过 Wi-Fi 立即发送电子邮件或导出到 USB 记忆棒，捕获 GPS 定位用于整合到 Google Earth™ 中。

LMX 补充了传统的管道和电缆定位器，将公用设施定位作业提升到一个新水准，为用户提供简单易懂的网格和深度切片以及传统的线视图，全面覆盖复杂区域。LMX200 通过深度切片成像和场景注释来提高定位精度，新增了颜色编码式场景注释实时对目标分类、网格和深度切片全覆盖、导向式网格指导设置，可将所有网格同时进行可视化处理以获得完整图片，并有引导避障数据采集、GPR 数据导出等功能，允许在可选的 EKKO_Project 软件中进行处理。

2. 产品特点

1) 在 Google Earth™ 和其他地理参照程序中定位和标记勘测位置；

2) 利用外置 GPS 选配件，查看在规划地图中标识的特征；

3) 使用网格创建和查看深度切片，以前所未有的清晰度显示电缆、管道和其他公用设施；

4) 高可见度触摸屏显示单元，通过触摸显示屏添加标记，突出显示感兴趣的特征；

5) 通过连接 Wi-Fi 网络或使用手机作为热点，从勘测现场生成并提交微型报告、即时信息，体现更高的工作效率；

6) 获得专利的超宽带（UWB）天线，深度穿透高达 8m/26ft；

7) 轻质玻璃纤维车架，不含干扰 GPR 信号的金属部件；

8) 使用 Utility Suite 导出 3D 数据。

3. 技术参数（表 7-26）

技术参数表 表 7-26

技术参数	
GPR 传感器	630mm × 410mm × 230 mm，5kg
显示单元质量	2.83kg
显示单元屏幕	8.0 英寸高可见度 LCD 触摸显示屏，可调背光 1500 NIT，对比度 800∶1
音频	内置扬声器，音量控制 85dBA
电源	凝胶密封铅酸电池，工作时间：4~6h，电池：12V 9Ah，3.6kg 充电器：110~240V
防护等级	IP65
温度	−40~50℃
尺寸	100cm × 70cm × 115cm
质量	22kg
合规	符合 FCC 15.509，IC RSS-220 和 ETSIEN-302066

4. 标准配置

手推车车轮、推车把手、电池盒、电池带、充电器、传感器支撑带、GPR 传感器、显示电缆、显示单元、显示单元托盘、显示单元托盘旋钮螺丝。

5. 可选配置

备用电池充电器、备用电池、全球定位系统、探地雷达分析软件、豪华显示单元手提箱。

7.3.6　管线定位仪 RD8200

图 7-31　管线定位仪 RD8200

1. 产品概述

如图 7-31 所示，管线定位仪 RD8200 系列为目前更先进的产品之一，沿承定位仪产品的高性能、高品质和耐用性，用于定位地下金属管线的走向、位置、深度。RD8200 有双蓝牙系统，配置 5 根定位天线，用户可以根据当前工作需要，选择最合适的定位模式和精度水平。接收机可自动存储现场操作的全部定位参数，并导出数据至终端用于客户工作报告或内部质量和安全审计，以推动完善最佳作业实践。

2. 产品特点

1) 高性能音频和振动警报，适用于嘈杂环境；

2) 内置陀螺仪摆动警告测量系统，可确保正确使用；

3) 半透明反射式工业级显示屏，在强光下清晰可读；

4) 双蓝牙连接，可存储多达 1000 条记录，并使用无线蓝牙发送至移动设备或电脑；

5) Peak+ 模式增加导向或谷值定位优势，提高峰值模式准确性；

6) ILOC 使管线仪与兼容的发射机可在长达 450m 的距离无线控制定位信号的功率和频率；

7) 人体工程学设计，拥有完善的出厂检验流程，确保测量结果的可信度。

3. 技术参数（表 7-27）

技术参数表　　　　　　　　　表 7-27

灵敏度	6E-15 Tesla, 1m 5μA（33kHz）
定位精度	±2.5%
深度精度	探棒：±2.5%，0.1~7m；管线：±2.5%，0.1~3m
质量	接收机：1.87kg（含电池） 发射机：2.84kg（含电池）4.2kg（含配件）
动态范围	140dB
最大可测深度	电缆 / 管线 6m；探棒 18m
工作温度	−20~50℃
防护等级	IP65
故障点查找 FF	用 A 型支架定位 2MΩ 以下的电缆外护套故障

4. 标准配置 (表 7-28)

标准配置表 表 7-28

接收机 1 台	发射机 1 台	发射机夹钳 1 个	直连导线 1 条
接地延长线 1 卷	地钎 1 个	说明书 1 套	仪器包 1 个

5. 可选配置 (表 7-29)

可选配置表 表 7-29

接收机夹钳	用于管槽中电缆的识别
听诊器	在管线密集区域内识别电缆
A 字架	定位电缆外护套对地绝缘故障
发射探头系列	用于定位非金属管道和管槽
软杆	用于推动非金属管道中的发射探头
水下天线	定位水下电缆, 可探测水下 100m 深的电缆
市电插座连接器	通过家用市电插孔, 直接施加信号于电力电缆
RD8200 车载电源线	—
发射机 / 接收机背包	—

第二篇

家庭与建筑物漏损治理技术及方法

第8章

术语

1. 微波断层扫描法 testing method of microwave tomography

用微波频谱中特定频率，透过磁电管产生轻微的电场，并穿越及深入地下结构，探测地下物质，通过数据处理和图像重构来确定地下结构的位置、形状和性质。

2. 渗漏巡检法 leak seeker method

用导电法寻找渗漏区域的方法。

3. 红外热像法 testing method of thermal imager

用红外热成像仪对待检部位进行热成像拍摄，根据表面温差查找建设工程渗漏区域的方法。

4. 给水排水系统测试法 testing method of water supply and drainage

包括严密水压试验和严密渗漏试验的测试方法。

5. 材料湿度 material humidity

表征材料中水汽含量的物理量。

6. 湿度异常区域 humidity abnormity area

在测试区域内，湿度值明显高于或低于周边湿度的区域。

7. 热异常区域 thermal abnormal region

检测人员根据对被测物体的材料、结构等的分析，在热图中判定的与预期的辐射亮度分布或变化存在明显差异的区域。

8. 边缘效应 edge effect

由于试件的几何形状的突然变化 (边界处)，引起磁场和涡流的变化，导致输出信号发生变化。

9. 灵敏度 acuity

仪表、传感器等装置与系统的输出量增量与输入量增量的比。

10. 试水试验 water test

采用一定方法用水模拟渗漏情况的试验。

11. 严密水压试验 hydrostatic test

按照给水管道设计要求为标准进行给水管道加压试水，以测试给水管道漏点。

12. 压力差 pressure difference

严密水压试验时给水管中流体单位面积压力的差值。

13. 严密渗漏试验 leakage test

用试漏胶囊封闭排水管道，测试排水管道有无漏点。

第 9 章

家庭常见的漏水原因

9.1 常见的漏因

1. 设计不当

住宅设计如果不合理，可能会导致漏水，例如屋顶的坡度不足、排水管道的设计不当等。

2. 材料老化

住宅使用的材料随着时间的推移可能会发生老化、破损、腐蚀等问题，导致漏水。

3. 施工不当

建筑物的施工如果不规范、不严谨，可能会导致漏水，例如施工中出现穿孔、接缝不严密、熔接温度或时间不足导致焊口缺陷等问题。

4. 气候因素

强降雨、雪灾等恶劣天气可能会导致漏水，尤其是屋顶、墙体、地面等处。

5. 机械损伤

建筑物的机械损伤，也有可能导致建筑物漏水。

6. 管道老化

住宅的管道，例如供水管、排水管等随着时间的推移可能会出现老化、破损、接口松动等问题，结果导致漏水。

7. 环境变化

例如周围环境变化、新建建筑物、地面沉降、地震等，都可能导致建筑物漏水。

8. 防水失效

防水工程设计不合理或施工不当以及维护不及时等原因，均会使防水层老化、损坏，从而失去防水效果，导致漏水。

9.2 常见的渗漏区域及其漏损原因

1. 屋顶渗漏水主要原因

1) 屋面材料使用时间过长或者受到气候环境的影响导致的材料老化、开裂，失去防水性能。

2) 雨水管道长期未清洗、排水不畅，导致屋面积水，增加屋面漏水的风险。

3) 强风、暴雨等恶劣天气导致屋面上的瓦片、板材等脱落，造成屋顶漏水。

4) 屋面施工过程中，可能存在的施工质量问题，例如屋面材料安装不牢固、接缝不严密等，导致屋面漏水。

5) 屋顶设计不当时，如坡度不足或者排水系统设计不佳，可能导致雨水无法顺利排水，从而造成屋顶漏水。

2. 墙体渗漏水主要原因

1) 墙体内的水管破裂、管道连接处墙内内丝接头没有安装好导致密封不良等。

2) 墙体内水管压力下降或停水时，会影响家庭中水管和水管连接处的密封失衡。

3) 墙体内，如保温层与墙面之间未处理好的缝隙也会导致墙体中渗水。

4) 墙体使用的材料随着时间的推移可能会发生老化、破损、腐蚀等问题，引发墙体出现起皮、脱落，导致渗漏。

5) 墙面材料与环境气候之间的相互作用，潮湿环境情况下，墙面表面也会出现硅酸盐的凝结物。

3. 楼地面渗漏水主要原因

1) 地埋管破裂、管道连接处安装缺陷、密封不良等。

2) 楼地面砂浆层从别处（如沉箱）串水，显性表现为楼上地面溢水或者楼下天花板滴水或潮湿。

3) 瓷砖砖缝老化或处理不当，水沁入导致漏水。

4. 窗户渗漏水主要原因

1) 窗户密封条老化、破损、安装不严密等。

2) 窗户设计坡度不足、排水系统设计不佳等。

3) 瓷砖砖缝老化或处理不当，水沁入导致漏水。

5. 门渗漏水主要原因

1) 门的安装、密封性问题。

2) 门槛石周边防水密封材料老化、破损等故障。

6. 厨房渗漏水主要原因

1) 厨房水龙头老化、破损或未正确关闭，导致厨房渗漏水。

2) 排水系统被食物残渣、油脂等堵塞，导致水不能顺利排出而反溢，从而发生渗漏水现象。

3) 水管老化、破损或者腐蚀。

4) 厨房水槽、地漏发生堵塞或者脱管等故障。

5) 厨房环境潮湿、通风不良。

6) 净水器软管连接不良等因素。

7. 阳台渗漏水主要原因

1) 阳台地漏被风沙、落叶、污垢等物质堵塞，导致积水不能顺利排出。

2) 阳台边缘的防水密封材料老化、破损。

3) 地面层结构的施工质量不佳、地砖老化破损。

8. 空调机房渗漏水主要原因

1) 空调机房排水管堵塞、故障等，导致水无法顺利排出。

2) 冷凝水管道出现老化、密封性不严等。

3) 在进行空调机房的日常维修、保养、使用过程中，操作不当或者维修材料质量差，可能导致水管破损、连接不严密等问题。

9. 卫生间渗漏水主要原因

1) 防水层失效、防水层施工不当、材料不合格或者防水层损坏老化。

2) 卫生间瓷砖或马赛克等墙面以及地面的填缝不当或者开裂。

3) 排水管道等管道老化、管道接头松动等问题。

4) 卫生间的坐便器或蹲便器水箱密封圈老化、破损造成漏水。

5) 洁具（如浴缸、洗手盆、坐便器）的安装不当，如坐便器底部密封故障等。

6) 供水管道故障、连接不严密。

7) 地漏排水管断层脱落，导致渗水至砂浆层或沉箱。

8) 角阀连接软管未拧紧或垫片老化造成漏水。

第 **10** 章

漏水检测流程

10.1　漏水检测前的准备工作

1. 确定检测范围

接受客户委托后，明确要检测的建筑物部位和范围，如外墙、屋顶、地下室等。

2. 确认检测时间

根据建筑物的使用情况和环境条件，确定适合进行检测的时间。

3. 检查使用设备

检查需要使用的检测设备和仪器是否正常，仪器设备的精度应满足检测项目的要求。检测时，仪器设备应在检定或校准周期内，并处于正常工作状态。

4. 准备必要的工具

根据检测的部位和环境条件，准备必要的工具和器材。

5. 确认安全措施

确保检测过程中的安全措施得到充分落实，如检测人员的安全防护、施工区域的隔离等。

6. 必要资料的准备

收集建筑物的相关资料，如建筑图纸、建筑物使用情况等，为检测过程提供参考和依据。

7. 初步拟定检测方案

根据检测的范围和环境条件，拟定合理的检测方案，明确检测的流程和方法。

8. 做好与客户的沟通和协调

与建筑物的业主或管理单位沟通，确保检测过程得到必要的协调和配合。

10.2 检测前重点注意事宜

1) 检测点表面应清洁。

2) 检测用水应符合现行行业标准《混凝土用水标准》JGJ 63—2006 的规定。

3) 露天检测时，不应在雨、雪或五级以上大风天气条件下进行，检测环境温度宜为 5~35℃。

4) 检测人员应经过专业培训，具备专业的知识和技能，熟悉检测流程和操作规程，严格按照程序和要求进行检测。

10.3 检测漏水流程

1. 建筑渗漏水现场检测顺序

1) 开展检测前调查。

2) 根据调研情况，最后确定检测方案。

3) 依据检测方案，开展现场漏损检测。

4) 处理数据，并对无效数据进行补充检测。

5) 出具检测报告。

2. 调查阶段应开展的工作

1) 进一步了解清楚检测目的和委托方的具体要求。

2) 核定待检工程的设计图纸、防水材料种类及材料检测报告等施工验收资料。

3) 深入了解防水工程施工工艺、施工条件及使用状况。

4) 查明建筑防水工程所处环境条件。

5) 对于既有建筑，应查明防水工程的现状。

3. 检测方案内容

1) 检测范围和检测内容。

2) 检测方法。

3) 检测单元及测区、测点的划分方案。

4) 人员安全防护及环境保护措施。

4. 建筑防水工程检测方法

应根据防水工程的结构形式、设计要求和现场条件等因素进行选择。当满足检测要求时，宜选择无损检测方法。

对检测造成的防水层破损应予以修复，并宜对修复部位进行加强处理。

5. 检测报告内容

1) 委托单位、工程名称及检测部位。

2) 防水材料名称及施工工艺。

3) 检测项目及检测方法。

4) 应用仪器设备名称及型号。

5) 检测项目中每个测区的检测结果。

6) 检测中出现的异常部位的图示。

7) 检测日期及环境条件。

8) 检测方法及双方约定的其他需要记录的信息。

10.4　漏水检测结论遵循的七个原则

1. 准确性原则

检测结果必须准确，能够真实地反映建筑物渗漏水的状况，不夸大、不缩小渗漏水问题的实际情况。

2. 严谨性原则

检测过程须严谨，严格按照规定程序和方法进行检测，避免疏漏和偏差。

3. 可信性原则

检测结论必须可信，由专业人员出具并经过严格的检查和审核。

4. 客观性原则

检测结论必须客观，不受任何主观因素的影响，不得被某些人或组织操纵或篡改。

5. 实用性原则

检测结论必须实用，能够为建筑物渗漏水问题的处理和修缮提供有力的依据和指导。

6. 综合性原则

检测结论必须综合分析，考虑建筑物渗漏水的各种原因和影响因素，综合评估渗漏水的程度和危害性。

7. 法律性原则

检测结论必须符合法律规定，不得违反国家、地方和行业的相关法规和规定。

第11章

检测方法

11.1 管道泄漏（压力法）

1. 测试前的准备工作

在进行压力测试之前，需要对管道系统裸露部分进行检查和清洁，确保管道无损坏、无渗漏；同时还需要检查压力表、阀门等测试设备是否正常运行。

2. 设定压力

根据设计要求和管道的实际情况，设定测试压力和保压时间。测试压力通常为管道工作压力的 1.5 倍。采用弹簧压力计时，精度不低于 1.5 级，最大量程宜为试验压力的 1.3~1.5 倍。表壳的公称直径不宜小于 150mm，使用前经矫正并具有符合规定的检定证书。

3. 压力测试的具体操作方法

进行压力测试时，需要依据具体的管道系统和测试需求确定测试的压力、时间等参数，并严格按照测试方案执行测试操作。测试时需要对压力表、阀门等测试设备进行监测，确保测试数据准确可靠。

4. 预试验方法

将管道内水压缓缓地升至试验压力并稳压 30min，其间如有压力下降可注水补压，但不得高于试验压力，检查管道接口、配件等处有无漏水、损坏现象；有漏水、损坏现象时应及时停止试压，查明原因并采取相应措施后重新试压。

5. 试验方法

停止注水补压，稳定 15min。当 15min 后压力下降不超过管材允许压力降数值时，将试验压力降至工作压力并保持恒压 30min，进行外观检查若无漏水现象，则水压试验合格。

6. 对测试结果的评估

在测试完成后，需要对测试结果进行评估，确定管道系统的泄漏情况和泄漏点的位置。同时还需要进行数据分析，确定管道系统的可靠性和安全性。

7. 测试后的处理

在测试结束后，根据测试结果评定管道系统的密封性和耐压性能，判断管道系统是否符合设计要求和标准要求。同时还需要对测试结果进行记录和报告，以备日后参考。并需要对测试设备和管道系统进行清理和维护，确保其正常运行，为此，细分以下漏损原因及其对应处置办法。

1) 城市住宅导致给水排水渗漏的原因

城市住宅中给水排水管道、防水层因施工工艺、材料参差不齐以及交叉施工损伤隐患，包括可能存在地质沉降等，都会导致给水排水渗漏。由于这些原因，住宅漏水问题逐渐增多，修缮也变得复杂。为了高效解决漏水问题，本文将重点总结和介绍住宅给水排水的检测、定位和修复技术。首先介绍，住宅给水排水管道、防水层根据实际现场细分情况。

2) 住宅给水排水管道、防水层细分类别

(1) 压力管道系统：包括冷水和热水供应管道，以及软水、净水和中水系统。

(2) 冷水系统：包括市政供水常压管道和二次供水系统。压力测试可以通过电子压力表测量水压，检测压力的稳定性。

(3) 热水系统：包括燃气热水器供热、电热水器供热和太阳能热水器供热。在压力测试时需要注意关闭相应的进水阀门，以防止压力过高导致设备损坏。

(4) 软水和净水系统：通过软水机和净水系统改善水质，需要确保设备正常工作，并防止漏水。

(5) 中水系统：用于废水回收利用，常见于净水过滤后的废水回收系统。

(6) 排水系统：包括雨水主管道、生活污水主管道、生活轻污水主管道、回气管道和支排水管道。

(7) 雨水主管道：用于排放楼顶雨水，常见于楼顶雨水口。

(8) 生活污水主管道：主要用于厕所，一般高层住宅一楼为独立排水系统，二楼为高区排水的最底层。

(9) 生活轻污水主管道：用于排放阳台和厨房的污水，常见于主排水管道。

(10) 回气管道：常见的双管排水系统，通过 H 型管件连接排污管和回气管，用于防止排水管堵塞并回气。

(11) 支排水管道：包括同层排水和下层排水，一般通过沉箱结构布置或抬高布设。

(12) 表排水漏水系统：包括地砖砖缝、马桶安装密封圈、三角阀、水龙头，地漏安装位置错位不当等原因，或者密封圈老化开裂，常常导致水渗漏。

3) 针对住宅内部给水排水检测采用的技术方法

(1) 供水压力管道的漏水检测方法：使用增压设备将压力注入管道，并观察漏点产生的噪声来判断漏水点的范围。可以采用阀栓听音法和地面巡检法来定位漏点的范围。

(2) 热水管道的漏水检测方法：热水管道的漏水检测可以使用红外扫描法。通过热成像技术观察热水从漏水点散布出来的情况，以确定漏点位置。

(3) 排水管道的漏水检测方法：排水管道的漏水检测可以采用内窥探测法。通过探头观察排水管井内是否存在漏水情况。

(4) 湿度仪测量法：也可使用湿度仪测量法，通过湿度仪器观察主排水封闭瓷砖缝隙的湿度变化，来判断是否存在主排水漏水问题。

(5) 对于表排水漏水系统，可以通过色素示踪液体浸泡追踪或者电流测试法来验证是否存在漏水情况。

4) 在漏水定位中，需要注意的特殊情况和细节

(1) 某些情况下，压力管道漏水可能呈现时漏时不漏的情况。例如，热水管热胀时可能会停止漏水，温度降下来又开始漏水。对于这种情况，建议等漏水时再进行处理。

(2) 对于排水管道漏水的定位，需要注意隔壁漏水和隔层漏水的情况。通过观察隔壁是否有漏水现象或者打开吊顶观察通风井中是否有漏水，可以判断漏水是否来自隔壁或上下层。

综上所述，通过严谨细致、逻辑清晰的检测方法和技术手段，

有效地检测和定位住宅给水排水系统漏水问题，提高漏水修复的成功率。

11.2 微波断层扫描法

1. 微波断层扫描法的仪器设备要求

1) 配备不少于两种探测深度的微波探头。

2) 可直观显示湿度测试数据。

3) 具备数字成像软件，可生成微波湿度分布图。

2. 微波断层扫描法现场检测规定

1) 微波断层扫描法现场检测应按照检测区域划分、测点网格布置、绘制测点布置图、采集数据、数据分析、绘制区域湿度分布图、现场标识湿度异常区域等步骤进行。

2) 应根据探测深度的要求，选择合适探测深度的探头。如有需要，不同探测深度的探头可配合使用。

3) 测试对象材料表面应保持光滑平整。

4) 大范围的普查测点网格宜选用 0~1.0m，高分辨率渗漏检测测点网格宜选用 0.1~0.3m。

5) 绘制测点布置图时，应在图中标示出现场干扰物体（如柱子、电缆槽等）。

6) 采集数据时探头应与被测材料表面保持垂直，探头与被测材料表面之间的间隙应不大于 5mm。

7) 探头与被测材料边界的距离应大于 100mm。

8) 晴天检测条件下微波湿度分布图中，湿度值大于 2000 即为湿度异常区域，系统标定过的材料如砖砌体微波湿度分布图湿度值大于 2% 即为湿度异常区域。

9) 应在现场及时分析数据，并及时进行复查。

11.3 渗漏巡检法

1.渗漏巡检法检测仪器设备要求

1) 灵敏度可调节。

2) 可即时读取指针显示测试数据。

3) 宜有鸣叫声指示湿度异常区域。

2.渗漏巡检法的现场检测规定

1) 渗漏巡检仪现场检测应按照检测区域划分、测点网格布置、调试灵敏度记录数据、数据分析、标识湿度异常区域等步骤进行。

2) 测点网格间距宜为 300~500mm，不能布置网格的地方应测量具体尺寸并记录。

3) 晴天检测条件下，渗漏巡检异常区域湿度大于 90%。

11.4 红外热像法

1.红外热像法的仪器设备要求

1) 应能采集到所视区域内的红外信息，进行测量并及时显示表面温度分布图。

2) 应能快速准确地记录及存储红外及可见光图像、数据和文本注释。

3) 红外热像仪的测温一致性的值不应超过 ±0.5℃。

4) 红外热像仪应按国家相关标准进行严格的检定，每项指标应达到规定的质量要求。具体可参照《建筑红外热像检测要求》

JG/T 269—2010。

2. 红外热像法的现场检测规定

1) 红外热像法渗漏检测应按照初步确定预期温度分布、拍摄建筑物红外热谱图、评价红外热谱图的温度分布、对比实际与预期的温度分布、确定热异常区域等步骤进行。

2) 红外热像仪检测房屋渗漏应记录拍摄的环境条件，如拍摄位置、时间、天气、温度；应记录被测物的客观条件，如表面材料、颜色等。

3) 红外热像仪的拍摄角度、镜头和被测物的表面夹角不应超过 $45°$，红外热像仪的拍摄距离和被测物的表面不超过 50m，并且所拍摄的图像像素宜大于或等于 $640×480$。

4) 红外热像仪在拍摄工作中应防止抖动，避免影响照片质量。

3. 红外热像法的结果评价规定

1) 卷材和涂膜防水屋面和刚性屋面室内红外热成像热异常区平均温差 0.3~0.5℃。

2) 金属屋面室内外红外热成像热异常区平均温差 1~4℃。

3) 瓦屋面室内红外热成像热异常区平均温差 1~2℃。

4) 墙室内红外热成像热异常区平均温差 0.3~0.5℃。

5) 门窗室内红外热成像热异常区平均温差 0.6~0.9℃。

6) 地下工程混凝土墙室内红外热成像热异常区平均温差 0.1~0.4℃。

11.5　管道泄漏（内窥法）

管道内窥法可使用闭路电视摄像系统 (CCTV) 查视供水管道

内部缺损，探测漏水点。

1. 闭路电视摄像系统 (CCTV) 主要技术指标

1) 摄像机感光灵敏度不应大于 3lx。

2) 摄像机分辨率不应小于 30 万像素或水平分辨率不应小于 450TVL。

3) 图像变形应控制在 ±5% 范围内。

2. 采用管道内窥法探测的规定

1) 管道应停止运行，且排水至不淹没摄像头。

2) 应校准电缆长度，测量起始长度应归零。

3) 应即时调整探测仪的行进速度。

3. 采用推杆式探测仪探测的条件

1) 两相邻出入口（井）的距离不宜大于 150m。

2) 管径和管道弯曲度不得影响探测仪的行进。

4. 采用爬行器式探测仪探测的条件

1) 两相邻出入口（井）的距离不宜大于 500m。

2) 管径、管道弯曲度和坡度不得影响探测仪爬行器在管道内的行进。

11.6 听音法

当采用听音法进行管道漏水探测时，应根据探测条件选择阀栓听音法、地面听音法或钻孔听音法。

1. 采用听音法的条件

1) 管道供水压力不应小于 0.15MPa。

2) 环境噪声不宜大于 30dB。

2. 听音法所采用的仪器设备

除应按照规定进行保养和校验。使用的计量器具应在计量检定周期的有效期内；听音杆宜具有机械放大功能，电子听漏仪还应符合下列规定：

1) 具有滤波功能。

2) 具有多级放大功能。

3) 使用加速度传感器作为拾音器，其电压灵敏度应优于 10mV/g。

3. 应用听音法进行管道漏水探测

采用听音法进行管道漏水探测时，每个测点的听音时间不应少于 5s; 对怀疑有漏水异常的测点，重复听测和对比的次数不应少于 2 次。

4. 采用复测与对比方式进行过程质量检查

检查时应随机抽取复测管段，且抽取管段长度不宜少于探测管道总长度 20%。应重点复测漏水异常管段和漏水异常点。

5. 阀栓听音法规定

1)听音法可用于管网漏水普查,探测漏水异常的区域和范围,并对漏水点进行预定位。

2) 阀栓听音法可采用听音杆或电子听漏仪。

3) 当采用阀栓听音法探测时，听音杆或传感器应直接接触地下管道或管道的附属设施。

4) 当采用阀栓听音法探测时，应首先观察裸露地下管道或附属设施是否有明漏。发现明漏点时，应准确记录其相关信息。记录信息应包括下列内容：

(1) 阀栓类型；

(2) 明漏点的位置；

(3) 漏水部位；

(4) 管道材质和规格；

(5) 估计漏水量。

6. 地面听音法规定

1) 地面听音法可用于供水管网漏水普查和漏水异常点的精确定位。

2) 当采用地面听音法探测时，地下供水管道埋深不宜大于2.0m。

3) 地面听音法可使用听音杆或电子听漏仪。进行探测时，听音杆或拾音器应紧密接触地面。

4) 当采用地面听音法进行漏水普查时，应沿供水管道走向在管道上方逐点听测。金属管道的测点间距不宜大于2.0m，非金属管道的测点间距不宜大于1.0m。漏水异常点附近应加密测点，加密测点间距不宜大于0.2m。

5) 当采用地面听音法进行漏水点精确定位或对管径大于300mm的非金属管道进行漏水探测时，宜沿管道走向成"S"形推进听测，但偏离管道中心线的最大距离不应超过管径的1/2。

7. 钻孔听音法规定

1) 钻孔听音法可用于供水管道漏水异常点的精确定位。

2) 钻孔听音法应在供水管道漏水普查发现漏水异常后进行，钻孔前应准确掌握漏水异常点附近其他管线的资料。

3) 当采用钻孔听音法探测时，每个漏水异常处的钻孔数量不宜少于2个，两钻孔间距不宜大于50cm。

4) 钻孔听音法宜使用听音杆，探测时听音杆宜直接接触管道管体。

11.7　气体示踪法

气体示踪法除了建筑物与家庭检漏应用外，也可用于给水排水管道、暖气管道的泄漏探测。

1.气体示踪法探测管道漏水条件

1) 探测环境无与示踪气体相同的其他气源。

2) 可以封闭待测区间管路。

3) 有阀门或者管路可以连接通入示踪气体。

4) 管道内积水可以排空。

5) 工作区域内能正常通风。

6) 工作区域内无火源。

2.气体示踪法测量仪器和气瓶保养和校验规定

使用计量器具应在计量检定周期有效期内，还应符合下列规定:

1) 温度测量范围应满足 $-20\sim50℃$。

2) 示踪气体钢瓶及附件无形变、无漏气。

3) 示踪气体检测仪灵敏度不得低于 1ppm。

4) 示踪气体检测仪准确率不得低于 $\pm10\%$。

3.使用气体示踪法注意事项

1)使用气体示踪法检测前,首先通过保压试验确认泄漏管段,且在适当位置封闭管段减少示踪气体使用成本。

2) 气体示踪检测法使用前，须先确认管道位置。请在管道上方进行检测,硬质地面可先检测管道附近缝隙或周围所有井室,必要时可打孔确认泄漏位置。

3) 气体示踪检测使用的氢气钢瓶，非必要不将氢气钢瓶置于密闭环境中，不靠近热源，应保持室内通风。

11.8 地表温度测量法

地表温度测量法可用于因管道漏水引起漏水点与周围介质之间有明显温度差异时的漏水探测。

1. 采用温度测量法探测供水管道漏水的条件

1) 探测环境温度应相对稳定。

2) 供水管道埋深不应大于 1.5m。

2. 地表温度测量法测量仪器保养和校验规定

使用的计量器具应在计量检定周期的有效期内，还应符合下列规定：

1) 温度测量范围应满足 –20~50℃。

2) 温度测量分辨率应达到 0.1℃。

3) 温度测量相对误差不应大于 0.5℃。

3. 采用地表温度测量法探测前的方法试验

1) 确定方法和测量仪器的有效性。

2) 精度和工作参数。

4. 地表温度测量法的测点和测线布置规定

1) 测线应垂直于管道走向布置，每条测线上位于管道外的测点数每侧不少于 3 个。

2) 测点应避开对测量精度有直接影响的热源体。

3) 宜采用地面打孔测量方式，孔深不应小于 30cm。

5. 采用地表温度测量法探测规定

1) 应保证每条测线管道上方的测点不少于 3 个。

2) 当发现观测数据异常时，对异常点重复观测不得少于 2 次，并应取算术平均值作为观测值。

3) 应根据观测成果编绘温度测量曲线或温度平面图，确定漏水异常点。

11.9　追踪法

追踪法是通过向被检测的对象中注入追踪液体，找出建筑结构、卫生设备和排水管道是否有破损渗漏的探测方法。

1) 在检测过程中应根据检测需要，选择适当的追踪液体，常用的有水、盐水、红色染料、荧光染料等。宜使用单一追踪液体。

2) 注液点的选择：选择检测对象中最可能存在漏水的位置进行注液，通常选择管道接头、管道弯头、墙面裂缝等位置进行注液。

3) 注液方式和方法：根据检测需要选择适当的注液方式和方法，如浸泡、喷涂、注射、滴注等方式。

4) 在注液之后，观察追踪液体的扩散和流动情况，通过观察液体的颜色和形态，判断建筑结构中是否存在漏水问题。

5) 应根据观测结果进行数据处理和分析，并撰写检测报告，提出渗漏问题的解决方案和建议。

11.10　蓄水试验法

蓄水试验法主要用于某些情况下，用来现场测试是否漏水，以及漏水点维修完后请用户现场确认防水层质量使用的测试方法。

1) 蓄水试验前，应封堵试验区域内的排水口。最浅处蓄水深度不应小于 25mm，且不应大于立管套管和防水层收头的高度。

2) 蓄水试验时间不应小于 24h，并应由专人负责观察和记录水面高度和背水面渗漏情况，出现渗漏时，应立即停止试验。

3) 蓄水试验结束后，应及时排出蓄水。

4) 蓄水试验前后，采用红外热像法对被测区域进行普查对比。

5) 蓄水试验发现渗漏水现象时，应记录渗漏水具体部位，并判定该测区及检测单元不合格。

11.11 淋水试验法

淋水试验法主要用于测试墙体平面、立体面或者斜面是否有漏水的方法，在检测工程结束后，客户现场验收修复质量的必要手段。

1) 淋水试验宜在防水系统或外装饰系统完工后进行，试验前应关闭窗户，封闭各种预留洞口。

2) 淋水管线内径宜为 (20±5)mm，管线上淋水孔的直径宜为 3mm，孔距宜为 180～220mm，离墙距离不宜大于 150mm，淋水水压不应低于 0.3MPa，并在待测区域表面形成均匀水幕。

3) 淋水试验应自上而下进行，为保证水流压力和流量，每 6~10m 宜增设一条淋水管线，持续淋水试验时间不应少 30min。

4) 淋水试验前后，采用红外热像法对被测区域进行普查对比。

5) 淋水试验发现渗漏水现象时，应记录渗漏水具体部位并判定该测区及检测单元不合格。

第12章

设备要求

12.1 微波仪

微波仪是一种常用的检测设备,用于绘制缺陷区域含水率"地图"或"剖面图"。

微波仪通过测量被测材料的介电常数来评估"自由"水分含量。能立即测量到一定深度材料的含水量,而这项技术仍然相对较新,因此可能有效性优势需要花费时间和成本来熟悉它。这种仪器的初始成本比大多数其他设备高得多,但是设备在使用和携带方面很便利,此外,使用微波仪的另一个优点是不需要与被测材料直接电接触。

1) 微波仪适用于大多数多孔材料,如混凝土、砂石、管道等。它不能用于某些材料,如:陶瓷和金属。钢筋混凝土等材料必须进行测试,并谨慎解释测试结果,因为钢筋可能会影响测试结果的准确性。

2) 仪器表面应保持干燥,并按适当的间隔和计划进行测量。

3) 需要熟练的操作人员操作该仪器,以确保严格按照制造商推荐的程序取得最佳读数。以湿重形式解释数据,所采集的湿重也需要经验人员（取得的数据需要有经验的人员分析）。

4) 微波设备具有多种灵敏度。探头可以探测深度高达 110mm 的游离水分。

5) 检查结果是否一致，用户无须特别校准。表面的潮湿会导致读数偏高。材料中的金属含量（例如嵌入的金属管道和导管）可能会影响结果的准确性。仪器对材料的密度变化不敏感。

6) 外墙渗漏常与雨水有关，因此仪器常被用来诊断这种潮湿的来源。如沿外墙有裂缝或有缺陷的密封胶。在这种情况下，视觉检查可能会有所帮助。当建筑物进行大型翻新工程时，最好以测试区域为工程范围，进行彻底的视觉检查。外部饰面的缺陷（如地脚螺栓孔）也可能包括在内。经验表明，模板施工过程中螺栓孔处理不当是导致外墙渗水的常见缺陷。在进行地表视觉检查时，专业的检测师应特别留意现象显现，以确保不遗漏，或通过湿度值、温度值、微波扫描等技术可能有助于确定漏源、漏因、漏点。

7) 扫描本质上是一种技术，可以快速方便地应用于缺陷区域。微波仪的检测结果相对于其他设备更加精细。制图是在二维平面上详细绘制受影响区域的含水率等值线。水分含量的等值线和数值是精确的数值，比扫描更"精确"，如果需要可以监测。

12.2　巡检仪

巡检仪是为屋顶和墙壁水分问题检测而设计的非破坏性湿度检测仪器。通过电容法测量不同材料中的水分含量，从而帮助识别和定位潜在的渗漏问题。

1. 巡检仪的工作原理基于电容法

当设备接近含水材料时，水分会对电场产生响应，改变电场分布。这种变化可以通过巡检仪的内置传感器检测到。通过对比干燥区域和湿润区域电场变化，巡检仪可以准确测量和定位水分异常问题。

2. 巡检仪可以检测多种材质中的水分

巡检仪可以检测多种材质中的水分，但在某些情况下，可能会受到材质的限制。以下是一些可能影响检测结果的材质因素。

1) 金属材料

金属材料对电磁波的屏蔽作用可能会影响巡检仪的测量结果。在金属表面进行检测时，设备的性能可能会受到影响。

2) 高导电材料

高导电材料（如盐渍混凝土）可能会干扰巡检仪的电容测量，导致测量结果不准确。

3) 极厚的材料

在极厚的材料中进行检测时，巡检仪的检测深度可能受到限制。在这种情况下，建议使用其他专门用于深层检测的设备。

4) 极干燥或湿润的环境

在极干燥或湿润的环境中进行检测时，可能需要对设备进行相对应的调校。

3. 巡检仪的检测操作流程

1) 准备工作

确保设备已充满电并完成校准。检查被测区域表面是否干净、无尘。对于金属或高导电材料表面，可以使用其他方法进行预处理，以减少测量干扰。

2) 打开设备

按下巡检仪设备上的电源按钮，将设备开启。等待设备自检初始化完成。

3) 选择模式

根据需要检测的材料和场景，选择合适的检测模式。巡检仪设备通常提供多种模式以适应不同的检测需求。巡检仪拥有屋面与墙体两种模式，另有深层与浅层两个探测度可选。

4) 开始检测

将巡检仪平稳地放置在被测区域表面，确保设备和表面之间的接触良好。慢慢沿着被测区域移动设备，观察设备上的读数。对于较大的区域，可以使用网格状的方式进行检测以覆盖更大的范围。

5) 数据记录

在检测过程中，记录设备的读数。可以手动记录，也可以利用与设备兼容的数据记录器进行自动记录。

6) 分析结果

检测完成后，关闭巡检仪，并根据记录的数据分析水分问题位置和严重程度。在发现潜在渗漏问题时，可采取相应的修复措施。

7) 设备维护

定期对设备进行清洁和校准。根据制造商建议，检查和更换设备的电池或其他易损配件。在操作过程中，确保遵循制造商提供的操作指南和建议，以保证设备的性能和准确性。

12.3　湿度仪

　　湿度仪是一种用于测量受影响地区的湿度水平。湿度仪是追踪渗水源头最常用的工具之一。湿度仪通常对灰泥、砖块、木材、屋顶、地板砖和绝缘材料敏感。适用于水泥、石膏、基碎石、混凝土、瓷砖、玻璃纤维、玻璃钢、油漆、清漆等。不同量表适用于不同测试材料。

　　1. 湿度仪类型

　　1) 一种是电阻（电导）式，测量两个针脚之间的电阻，一般深度为 3mm。

　　2) 另外一种通常是无针孔的，测量测试材料的介电常数，介电常数随含水率的变化而变化，深度可达 20mm。

　　3) 由于湿度仪是便携式的，单个测量可以在几秒钟内完成，因此在调查过程中作为第一个扫描工具使用是快速和直接的。

　　2. ERM

　　ERM 用来测试电极探头之间物体的电导率。

　　在物体表面两点上施加一定的电压。电流大小与电阻成反比。对于给定的材料，可以精确地建立电阻与含水率之间的关系，从而确定其含水率。这是一种经过验证的估算木材含水率的技术，也是一种检测砌体和混凝土湿气的有用工具。一般来说，一个物体越潮湿，它的电阻就越低，导电性就越高。

　　3. ECM

　　ECM 在直接位于包含或连接到仪表的发射机 / 接收机电极下方的材料中产生无害的电场，并测量响应。

导电板被放置在材料的表面，材料越湿，阻抗越大。所测到的读数，记录了条纹传感器电容的大小受含水率影响的数值。因此，被检测的表面不会有针头划痕。

4. 湿度仪

湿度仪是在适当间隔或网格中进行，采用系统的方法进行测量。

可能必须在测试材料中插入探针。所有的测量都必须用标准化的形式记录下来。所有可疑或外观潮湿有问题的表面都应使用湿度计进行测量，以确认是否存在异常潮湿。

12.4　红外热像仪

红外热像仪是一种用于检测目标表面温度分布的非接触式设备。在建筑领域，红外热像仪可以用于定位热桥、渗漏、缺陷等问题。

1. 红外热像仪的使用要求

1) 定期校准设备以保证测量结果的准确性。

2) 遵循制造商关于适用环境条件的建议，例如温度、湿度等。

3) 确保操作人员接受过红外热像仪的使用和数据解析培训。

2. 红外热像仪的操作注意事项

1) 在检测过程中，尽量避免阳光、灯光等外部光源对被测表面的反射，减少干扰。

2) 尽量保持与被测表面垂直的角度进行检测，以获得最佳的热像效果。

3) 根据设备规格和被测表面的特性，选择合适的检测距离和分辨率。

4) 保持设备稳定，确保在同一区域的多次测量结果具有一定的重复性。

5) 记录检测过程中的数据，便于进一步分析和存档。

3. 红外热像仪对测量可能会产生误差的材质

红外热像仪适用于大部分材质，但对以下材质的测量可能会有误差。

1) 对于具有低辐射率（如金属）材料，红外热像仪可能无法准确测量表面温度。因为低辐射率材料反射外部热源的能力较强，可能导致测量误差。

2) 被测物体光滑表面的反射性较强，可能导致红外热像仪测量结果不准确。在检测光滑表面时，尽量避免外部光源干扰，并使用专门针对这类表面的红外热像仪。

3) 红外热像仪无法穿透透明或半透明材料（如玻璃、塑料等）。

4. 热像图主要作用

热像图主要用于检查测量表面辐射出的热量。应用于渗漏检测和诊断时，由于潮湿区域及毗邻区域辐射热量少，因此热传感器能够以所捕获图像颜色变化的形式来区分区域。

1) 应使用装有对红外辐射敏感记录装置的红外热像仪（热筒）照相机。

2) 从探测到的辐射变化中，可以推断出水分的存在。特别适用于显示和记录表面的水分轮廓及其随时间的变化。

3) 进行红外扫描前，设备应进行校准。

4) 温度差异应该通过所检查结构部分的数字图像颜色变化清楚地显示出来。这个过程本质上是进行比较，不能给出水分的绝对值。

12.5　内窥镜

内窥镜是一种光学检测设备,用于观察难以直接查看的区域,如管道内部、墙体内部等。在建筑渗漏检测中,内窥镜可以帮助查找隐蔽区域的渗漏问题。

1. 内窥镜的使用要求

1)定期进行设备检查校准,确保充电充足、功能正常、无损坏。此外,还应检查探头、显示屏、光源等关键部件,确保其性能良好和测量结果的准确性。

2) 按照制造商关于适用环境条件使用内窥镜。

3) 操作人员接受内窥镜使用培训,熟悉设备操作方法、使用范围及注意事项。经过培训的操作人员才能进行内窥镜检测工作。

4) 使用内窥镜时,应在适宜的环境条件下进行。避免在极端温度、高湿度或强光环境下使用设备,以免影响设备性能和检测效果。

5) 在观察内窥镜图像时,应根据实际情况调整设备的视角和焦距,以获得最佳的观察效果。

6) 根据被检查区域的光线条件,适当调节内窥镜的光源强度,以提高图像的清晰度和对比度。

7) 遵循设备使用说明书,使用内窥镜。应遵守相关的安全规定,避免在易燃、易爆或高压环境下使用设备。

2. 内窥镜的操作注意事项

1) 内窥镜的视野相对较小,可能无法一次性观察到整个待检查区域，需要多次调整设备位置。

2) 由于内窥镜需要在狭小空间内操作，图像清晰度可能受到影响。此外，光线条件也会影响图像质量。

3) 内窥镜的探头长度有限，可能无法覆盖整个检测区域，特别是对于较长或复杂的管道系统。

4) 内窥镜主要用于观察渗漏迹象，无法直接进行定量分析，如渗漏程度、渗漏速率等。

5) 在将内窥镜探头插入待检查区域时，应匀速爬行，避免过快或用力过猛，以免损坏设备或被检查区域。在拔出探头时，同样要轻柔操作。

6) 记录检测过程中的数据，便于进一步分析和存档。

12.6　听漏仪

听漏仪是一种声学检测设备，通过捕捉和分析声音信号，用于定位水管、供热系统等管道中的渗漏点。

1. 听漏仪的使用要求

1) 定期进行设备检查，确保其性能良好和测量结果的准确性。

2) 在进行渗漏检测前，需评估检测场地的环境条件，例如噪声水平、地面材料、管道深度等，以选择合适的检测方法。

3) 在管道上方检测区域S形移动探头，以捕捉漏水声音。

4) 设备采集声音信号通过耳机传入操作员耳中，并在听漏仪主机上显示声音大小，操作人员需根据声音大小和特征判断可能的漏点位置。

5) 根据听漏仪的定位结果，对疑似渗漏点进行进一步验证，以确定是否确实存在渗漏问题。

6) 操作人员需熟悉听漏仪的功能、性能及操作方法，以便正确使用设备进行检测。

2. 听漏仪的操作注意事项

1) 在使用听漏仪时，应尽量避免来自交通、建筑工地等噪声干扰，以提高检测准确性。

2) 探头应在管道上方"S"形移动，并确保与被检测地面之间的接触良好，以提高声音信号的传输效果。

3) 在检测过程中，须记录相关声音数据和定位结果，以便后续分析和整理。

4) 记录并存档检测数据，便于进一步地分析和判断。

3. 使用听漏仪进行检测的局限性

1) 在嘈杂的环境中，如交通繁忙区域或建筑工地等，听漏仪可能难以捕捉到渗漏声音，而影响检测准确性。此时需采取一定措施，例如在非高峰时段进行检测，或使用降噪技术提高检测准确性。

2) 不同地面材料对声音的传播特性不同，可能导致听漏仪定位结果的偏差。例如某些地面材料可能吸收或散射声波，使声音信号减弱。

3) 不同管道材质对声音的传播速度和衰减特性有所不同，可能影响听漏仪的检测效果。例如，金属管道与塑料管道对声音的传播特性不同，需要调整听漏仪的频率参数以适应不同材质的管道。

4) 听漏仪对较大规模漏水检测较敏感，对于较小规模或微漏水情况可能无法准确检测。此时需结合其他检测方法进行验证。

5) 对于较深埋于地下的管道，声音信号可能会在传播过程中减弱，从而影响听漏仪的检测效果。

6) 当存在多个漏点时，听漏仪可能难以分辨出各个漏点的确切位置。此时，可能需结合其他检测方法进行定位。

12.7　示踪气体检测仪

示踪气体检测仪需要应用相匹配的示踪气体来检测泄漏位置。示踪气体可以是氢气、甲烷，也可以是其他气体。一般使用氢气最多，因为氢气相对分子质量最小，质量最轻，最容易穿透泄漏缝隙和包覆管道的介质到达地面。主要用于检测管道漏口漏出的示踪气体，通过对比示踪气体浓度高低判断漏口位置。

1. 示踪气体检测仪操作注意事项

1) 使用检测仪时最好先探测清楚管线位置，在管线上方附近探测。

2) 整个检测过程中严禁烟火，特别是示踪气体钢瓶附近。

3) 室内检测时保证通风良好。

4) 示踪气体的选择，最好应用分子质量小且无毒不溶于水的气体。

2. 示踪气体检测的准备工作

1) 通过管阀保压试验，确认泄漏管段。

2) 排除泄漏管段积水。

3) 通过工装件连接示踪气体与钢瓶，注入示踪气体。

3. 示踪气体检测仪操作的使用要求

1) 定期进行设备检查校准，符合检测范围要求并确保其性能良好及测量结果的准确性。

2) 在进行渗漏检测前，评估检测场景是否适合使用示踪气体检测仪，如泄漏声较大可以使用听漏仪等使用成本低的仪器，或管内积水无法完全排出易造成水封气体无法漏出漏口。

3) 操作人员需熟悉示踪气体检测仪的操作方法、功能及性能，以便保证正确使用设备进行检测。

12.8 温度仪

温度仪在渗漏检测中主要用于检测被测区域的温度变化，通过分析温度异常，结合地表温度测量法找出渗漏点。

1. 温度仪的使用要求

1) 定期进行设备检查校准，符合检测范围要求并确保其性能良好和测量结果的准确性。

2) 在进行渗漏检测前，评估检测场景是否适合使用温度仪，如供暖系统或冷却系统的渗漏检测。

3) 操作人员须熟悉温度仪的功能、性能及操作方法，以便正确使用设备进行检测。

2. 温度仪的操作注意事项

1) 应避免在极端温度、高湿度或强光环境下使用温度仪，以免影响设备性能和检测效果。

2) 使用温度仪时，须确保被测区域在设备的测量范围内。

3) 应尽量避免其他热源对测量结果的干扰。

4) 针对不同环境的检测工作应制定相应的检测方案。

5) 在发现潜在渗漏点后，可使用其他非破坏性检测方法对结果进行验证。将有助于更准确地确定渗漏位置和严重程度。

6) 记录并存档检测数据，便于进一步地分析和判断。

3. 使用温度仪进行检测的局限性

1) 温度仪只能检测温度变化，而温度变化可能受多种因素影响，如环境温度波动、热源干扰等，这些因素可能导致误判或漏检。

2) 温度仪对于微小温度变化可能不够敏感，在检测小规模渗漏时可能存在局限性。

3) 温度仪只能检测到温度异常区域，而不能精确确定渗漏点的位置。在确定渗漏点位置时，还需要结合其他检测方法。

4) 温度仪是通过间接的温度变化来检测渗漏的，无法应对某些复杂情况，如管道深埋、隔离层等。

第 13 章

检测报告的编制

13.1 报告编写与发放流程

报告必须以案头研究检查、收集的证据以及适当和客观的测试结果数据（如有）为依据。

报告流程如下：

1) 根据客户需求和相关标准要求，编制详细的检测方案，包括检测项目、检测方法、检测使用的设备等内容。

2) 按照检测方案进行检测，确保检测过程的准确性和可靠性，并将检测数据记录存档。

3) 根据检测结果编制检测报告。

4) 报告在负责人审核通过后，由授权签发人员签字、盖章。

5) 向客户发放最后确认的规范性检测报告。

13.2 检漏报告基本要素

根据漏水检测结果编制检测报告，检测报告中应包含以下要素：

1) 执行检测项目概要。

2) 项目所在区位。

3) 检测时间。

4) 渗漏的区域。

5) 项目平面图纸。

6) 检测项目名称。

7) 检测项目依据即现行规范。

8) 检测所使用的设备。

9) 检测方案及其流程。

10) 现场现状。

11) 检测项目的数据及结果。

12) 检测项目的原始记录表。

13) 检测结论。

14) 附录模拟验证图。

15) 附录及其他。

13.3 注意事项

1) 检测报告必须正确装订，不得有松散的纸张。报告编号系统清晰，应插入页码。确保报告的准确性，包括拼写和算式。

2) 检测报告应根据国家和行业的相关法规、标准进行编制，确保报告的合规性。

3) 应严格记录检测过程中的各项操作和数据，以便在需要时进行追溯。

4) 在编制检测报告过程中，应注意保护客户隐私和知识产权。

5) 在编制报告时，应客观、公正地评价产品的质量、安全、性能等方面的表现。

6) 报告编制完成后一式两份，分为正本和副本，副本检测公司归档保存，正本发给客户。

第14章

新兴技术在渗漏水检测中的运用

当今，新兴技术在渗漏水检测领域得到了广泛应用，这得益于科技进步和技术更新所带来持续改进。随着建筑和管道系统变得日益复杂，渗漏水检测难度也在逐步加大。然而，科学技术的发展不仅推动了检测手段的多样化，还为实际应用提供了有力的支持和帮助。

随着新兴技术不断的引入，如红外热像仪、地质雷达、无损检测、示踪气体检测仪等，使得渗漏水检测过程更加高效、准确和便捷。这些技术在不同程度上解决了传统检测方法的局限性，如红外热像仪能在不接触被测区域的情况下，检测到温度异常，从而迅速定位潜在或被检测出的渗漏点。

科技进步还促使相关行业不断优化检测设备，提高检测精度和范围，使得渗漏水检测在更短的时间内得到更为精确的结果。同时，智能化和互联网技术的融合也使数据采集、分析和报告变得更加简便快捷，为实际应用带来更多便利。

新兴技术在渗漏水检测领域的应用大大提高了检测效率，科技进步和技术更新使得渗漏水检测在面临难度加大的挑战时，依然能够为实际应用提供强大的支持与帮助。

无人机作为新兴科学技术在建筑渗漏水检测领域，发挥了越来越强大的作用。无人机技术具有很多优势，可以提高检测效率，降低成本，减少人工操作的风险。下面重点介绍无人机技术在建筑物渗漏水检测中的作用。

14.1　创新性无人机技术在建筑渗漏水检测中的应用

无人机技术在建筑渗漏水检测中具有广泛的应用前景，可以为建筑行业带来更高效、安全和经济的检测方式，通过不断创新和发展，无人机技术在建筑渗漏水检测领域的应用将更加丰富多样，为检测行业带来更多便利和价值。

1) 搭载高清摄像头，对建筑物外墙进行拍摄，便于检测是否存在裂缝、破损、渗水等问题。

2) 可搭载热红外摄像头，通过分析建筑表面的温度分布来识别潜在的渗漏水点。

3) 可以快速检查屋顶和排水系统，发现堵塞、破损等问题，以预防漏水。

4) 对于高层建筑和难以到达的区域，无人机可以进行安全、高效的检测，从而降低人工成本和风险。

5) 无人机通过搭载相关传感器，监测建筑结构的应力、变形等状况，及时发现可能导致渗漏的结构问题。

6) 无人机可辅助检查供水等管线，发现泄漏或损坏的管线以及潜在的风险。

7) 可以迅速定位建筑受损区域，评估渗漏情况，为检测工作提供重要信息。

8) 对建筑物进行高精度三维建模，更精确地识别渗漏点。

9) 无人机采集的大量数据可以通过渗漏水分析软件或人工智能技术进行快速分析，自动识别渗漏点、裂缝等问题，大大提高检测效率。

10) 可以部署和维护无线传感器网络，对建筑物的湿度、温度等参数进行实时监测，以便发现渗漏问题。

11) 利用多台无人机协同作业，对大型建筑群或复杂环境进行更快速、全面的渗漏水检测。

12) 有的无人机可以搭载喷涂装置，对发现的渗漏点进行临时修补，降低进一步损害的风险。

14.2　检测人员素质培养

在当今时代背景下，科技进步飞速发展，技术更新换代势头迅猛，面对着更复杂、更隐蔽、更困难的检测工作，对渗漏水检测行业提出了更高的要求。检测人员的素质培养显得尤为重要，只有自身具备高素质的专业人才，才能紧跟科技发展步伐，为检测行业带来更多创新和突破。

为适应科技进步和技术更新的需求，检测人员不仅需要具备扎实的理论基础，还需具备丰富的实践经验。在培训过程中，应重视各种新兴设备的操作经验，如红外热像仪等各类无损检测设备，以便检测人员能够熟练应对各种检测场景。同时，检测人员还应具备敏锐的观察能力、严谨的工作态度和良好的沟通能力，以确保检测结果的准确性和可靠性。

在实际工作中，执行力是检测人员必须具备的行动力，执行力的强弱直接影响检测结果的质量和客户的满意度。因此，面对各种复杂的检测任务，检测人员需要迅速分析问题、制定合理的检测方案，并在保证质量的前提下，高效完成任务。

1. 检测师应注重培养的专业素质

随着科技不断进步和生产技术的日新月异，检测人员的素质和培养成为关键。只有拥有各种新兴设备的操作经验、扎实的理论基础和强大的执行力，检测人员才能更好地适应这个快速发展的时代，为渗漏水检测行业带来更多的价值和发展空间。检测人员应该具备下列专业素质。

1) 具备相关的建筑、土木工程、材料科学、水利工程等相关专业知识，了解建筑结构、建筑材料和施工技术。

2) 熟练掌握各种渗漏检测技术，如红外热像仪、听音探测、微波探测、示踪气体检测仪等，便于根据实际情况选择合适的检测方法。

3) 辨别渗漏原因、分析渗漏现象、判断渗漏严重程度的能力，能够根据检测结果提出针对性的解决方案。

4) 熟悉行业相关安全规程和相关法律法规，具备良好安全意识，遵守安全操作规程，确保检测工作安全进行。

5) 良好的沟通能力，能够与团队成员、业主及其他相关人员有效沟通，共同解决问题。

6) 良好的职业道德，诚实守信、客观公正、保密，为客户提供优质服务。

7) 拥有良好学习意识，不断学习新知识，新技术，提高自身专业素质，适应行业发展的需要。

附　录

附录 A　检测原始记录表

为了便于实际应用，本规程编制了管网漏水探测漏水点记录表（表 A-1）、管道水压检测记录表（表 A-2）、地表温度检测记录表（表 A-3），可根据实际情况在工程中记录使用。

管网漏水探测漏水点记录表　　　　表 A-1

工程名称						检测日期		
工程地址								
管段位置						管道埋设年代		
检测依据								
所用设备及编号								
检测结果描述								
探测时间	探测管段	管材	管径	管道流向	管道埋深	地面介质	探测方法	探测结果
							如：管道内窥法	
漏水异常点简要说明（附位置示意图）				适用时，开挖验证相关说明（漏水点照片、漏水点定位误差、计算漏水量等）				

检测：

日期：

记录编号：

审核：

日期：

管道水压检测记录表　　　　表 A–2

工程名称		检测日期		
工程地址				
管段位置				
检测依据				
所用设备及编号				
检测条件				
管道内径（mm）	管材类型	接口类型	检测段长度（m）	
工作压力(MPa)	检测压力 (MPa)	15min 降压值（MPa）	允许渗水量 q[L/(min·km)]	
检测结果				
次数	达到检测压力时间 $T1$(min)	恒压结束时间 $T2$(min)	恒压时间 $T=T2-T1$(min)	恒压时间内补入水量 W（L）	实测渗水量 q[L/(min·m)]
折合平均实测渗水量 [L/(min·km）]					
检测过程的发现					
检测结论					
备注					

检测：

日期：

记录编号：

审核：

日期：

地表温度检测记录表 表 A-3

工程名称		检测日期		
工程地址				
管段位置				
检测依据				
所用设备及编号				
检测条件				
管道内径（mm）	管材类型	接口类型	对应温度值（℃）	埋深（m）
检测结果				
测线区域	测点 1 温度值（℃）	测点 2 温度值（℃）	测点 3 温度值（℃）	备注

检测：

日期：

审核：

日期：

附录 B 微波湿度参考图

B1 某卫生间墙体渗漏，墙体进行淋热水试验后微波湿度分布图（图 B-1、图 B-2、图 B-3)：

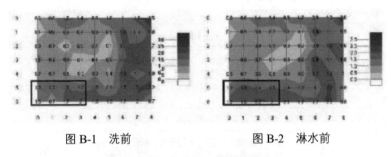

图 B-1 洗前 　　　　　　　　　　 图 B-2 淋水前

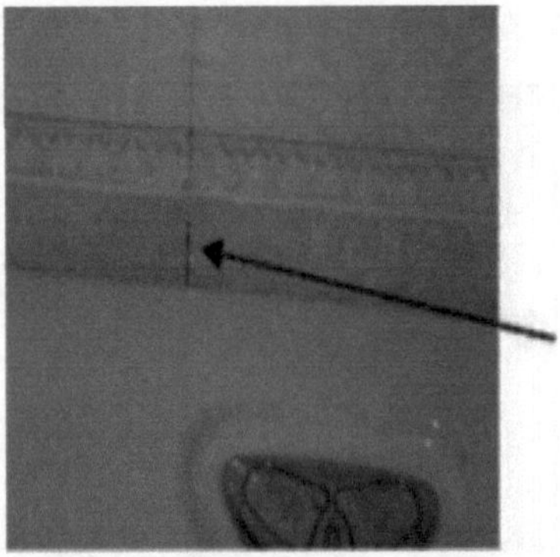

图 B-3 卫生间瓷砖嵌缝存在孔洞和缝隙

B2 某卫生间便器安装渗漏，卫生间地面微波湿度分布图（图 B-4)：

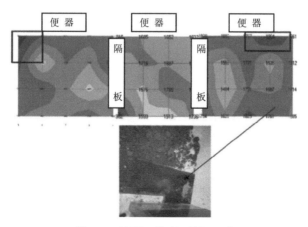

图 B-4　地面开槽验证渗漏照片

B3 某车间地下工程底板开裂渗漏，底板的微波湿度分布图（图 B-5）：

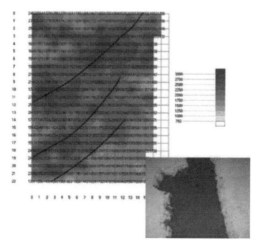

图 B-5　黑色线标为开凿后底板渗漏裂缝底板开槽验证照片

附录 C 巡检仪湿度参考图

C1 某客厅外墙体渗漏，外墙体巡检湿度分布图如图 C-1：

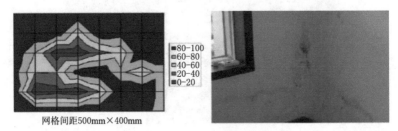

网格间距500mm×400mm

图 C-1 墙体巡检湿度分布图

C2 某客厅外墙体渗漏，外墙体巡检湿度分布图如图 C-2、图 C-3：

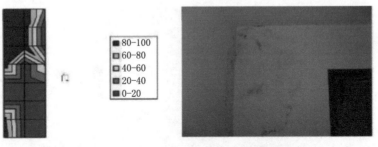

图 C-2 网格间距 500mm×400mm   图 C-3 墙体巡检湿度分布图

附录D 红外热像图参考图

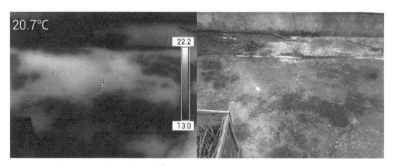

图 D-1 某屋面防水层积水红外热像参考图

图 D-2 某屋面伸缩缝渗漏红外热像参考图

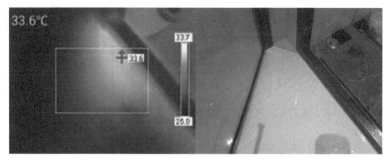

图 D-3 某卫生间防水隔断渗漏漏红外热像参考图

图 D-4 某屋内天花渗漏红外热像参考图

图 D-5 某地库结构梁渗漏红外热像参考图

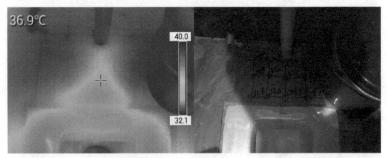

图 D-6 某卫生间蹲便器水管渗漏红外热像参考图（泡热水后）

图 D-7　某窗下墙渗漏红外热像参考图（淋水后）

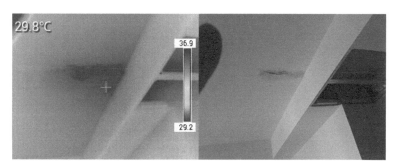

图 D-8　某室内顶板渗漏红外热像参考图

图 D-9　某阳台顶板渗漏红外热像参考图

图 D-10　某窗台密封性渗漏红外热像参考图（淋水后）

图 D-11　某阳台反坎渗漏红外热像参考图

图 D-12　某外墙空调机位渗漏红外热像参考图

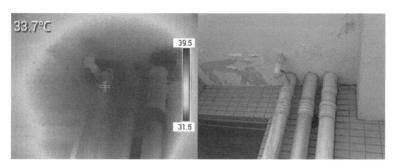

图 D-13　某排水管渗漏红外热像参考图（淋水后）

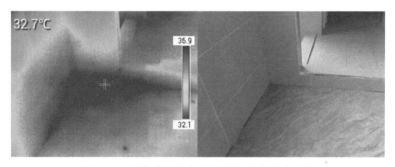

图 D-14　某墙体阴角积水渗漏红外热像参考图

图 D-15　某窗框积水渗漏红外热像参考图（淋水后）

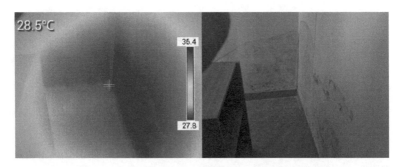

图 D-16　某墙内积水渗漏红外热像参考图

图 D-17　某室内顶板渗漏红外热像参考图

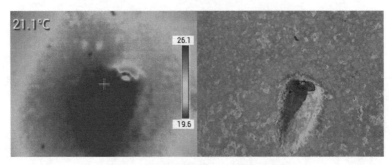

图 D-18　某管线渗漏红外热像参考图

图 D-19　某墙体根部反水渗漏红外热像参考图

图 D-20　某卫生间淋浴区滑轨渗漏红外热像参考图（泡热水）

图 D-21　某屋面防水层渗漏红外热像参考图

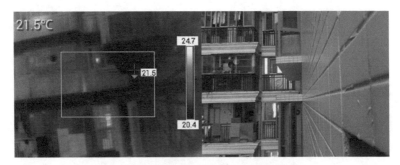

图 D-22　某飘窗渗漏红外热像参考图

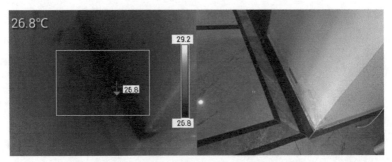

图 D-23　某卫生间墙面渗漏红外热像参考图

图 D-24　某天花板灯孔渗漏红外热像参考图

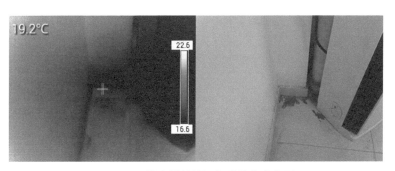

图 D-25　某空调管渗漏红外热像参考图

参考文献

[1] 北京埃德尔黛威新技术有限公司.分区定量管理理论与实践 [M].北京：中国建筑工业出版社，2014.

[2] 朱峰.供水管网分区计量系统在济南水司的应用 [C].重庆：中国供水节水报，2022.

[3] 毋焱.新型管理模式下的漏损控制技术及方法 [M].北京：清华大学出版社，2021.

[4] 全国信息技术标准化技术委员会.新型智慧城市评价指标：GB/T 33356—2022[S].北京：中国标准出版社，2022.

[5] 中华人民共和国住房和城乡建设部.给水排水管道工程施工及验收规范：GB 50268—2008[S].北京：中国建筑工业出版社，2008.

[6] 中华人民共和国住房和城乡建设部.城镇供水管网漏水探测技术规程：CJJ 159—2011[S].北京：中国建筑工业出版社，2011.